Peter Posluschny

Praxishandbuch Prozessmanagement

Peter Posluschny

Praxishandbuch Prozessmanagement

Kundenorientierung
Modellierung
Optimierung

2., überarbeitete Auflage

UVK Verlagsgesellschaft mbH · Konstanz
mit UVK/Lucius · München

Peter Posluschny ist Betriebswirt, Volkswirt und Wirtschaftspädagoge. Nach beruflicher Tätigkeit in verschiedenen Unternehmen, Aufbau einer gemeinnützigen Bildungseinrichtung und Dozenturen für Betriebs- und Volkswirtschaftslehre beschäftigt er sich heute insbesondere mit Fragen der Existenzgründung, des Controllings und der Geschäftsprozessoptimierung in mittelständischen Unternehmen.

Bibliografische Information der Deutschen Bibliothek
Die Deutsche Bibliothek verzeichnet diese Publikation in der Deutschen Nationalbibliografie; detaillierte bibliografische Daten sind im Internet über <http://dnb.ddb.de> abrufbar.

ISBN 978-3-86764-687-1 (Print)
ISBN 978-3-7398-0054-7 (EPUB)
ISBN 978-3-7398-0055-4 (EPDF)

Einbandgestaltung: Susanne Fuellhaas, Konstanz
Einbandmotiv: istockphoto.com / Monika Lewandowska

UVK Verlagsgesellschaft mbH
Schützenstr. 24 • 78462 Konstanz
Tel. 07531-9053-0 • Fax 07531-9053-98
www.uvk.de

Vorwort

Viele Unternehmen sind nicht in der Lage, die Kundenerwartungen zu erfüllen. Die Gründe für das Versagen, den Kundenerwartungen gerecht zu werden, sind in der Regel auf Mängel in Systemen und Prozessen zurückzuführen. Nicht die Mitarbeiter müssen verändert werden, sondern die Prozesse.

Trotz der großen Bedeutung der Prozesse in den Unternehmen dachten Unternehmen – und viele tun dies noch heute – in der Kategorie der Funktion. An den Abteilungsgrenzen kam es zu Brüchen, die Kosten stiegen, Zeit wurde vergeudet und die Qualität sank.

In den letzten beiden Jahrzehnten wurde die Prozessorientierung zunehmend als Maxime der Unternehmensmodellierung anerkannt. In der unternehmerischen Praxis ist eine in den letzten Jahren verstärkte Ausrichtung des unternehmerischen Handelns auf die Geschäftsprozesse zu konstatieren.

Im Wettbewerb um die Gunst der Kunden ist die Qualität der Leistungserbringung der entscheidende Faktor, wobei Qualität die Erfüllung der Kundenanforderungen beinhaltet. Da Kundenanforderungen nicht unabhängig von den dazugehörigen Prozessen erfüllt werden können, ist zur erfolgreichen Positionierung auf dem Markt eine prozessorientierte Sichtweise der betrieblichen Leistungserbringung erforderlich.

Allgemeines Ziel einer Prozessorientierung ist die Ausrichtung der Prozesse an die Kundenanforderungen, so dass die Kundenzufriedenheit gesteigert und die betriebliche Wertschöpfung erhöht werden. Grundlage des Prozessmanagements ist die Ermittlung der Kundenanforderungen, um eine zielgerichtete Anpassung der Prozesse zu realisieren, was letztlich zu einer permanenten Prozessmodellierung und -verbesserung führt.

Danach werden Schritt für Schritt die Möglichkeiten zur Modellierung und Abbildung von Prozessen dargestellt. Anschließend werden die Diagnostikmöglichkeiten sowie die Vorgehensweise zur Identifizierung von Prozessmängeln und deren Eliminierung dargestellt und erläutert. In einem abschließenden Schritt werden die Möglichkeiten der konkreten Umsetzung von Maßnahmen zur Verbesserung von Prozessen leicht verständlich und nachvollziehbar dargestellt und verdeutlicht.

Sie können sich so solide Kenntnisse der Prozessmodellierung sowie der Anwendung der Instrumente des Prozessmanagements aneignen und diese erworbenen Kenntnisse zugleich in Ihrer betrieblichen Praxis umsetzen. Damit dieser hohe Anspruch auch einlösbar wird, werden Übungen und Umsetzungshilfen angeboten.

Ziel des Buches ist, Ihnen Hilfestellungen bei der Einführung bzw. Weiterentwicklung sowie der Anwendung Ihres Prozessmanagements zu geben. Die Entwicklung sowie Anwendung von Instrumenten des Prozessmanagements sollten ebenso in Ihrem Unternehmen eine hohe Priorität haben, damit Sie nicht durch betriebliche Fehlentwicklungen aus dem Markt gedrängt werden.

Inhaltsübersicht

Inhalt

Kapitel 1

Einführung

1.1 Aktualität des Prozessmanagements

Die wirtschaftliche Entwicklung ist seit Jahrzehnten durch eine sich verstärkende Dynamik gekennzeichnet.

Aus strategischer Sicht kann in den meisten Branchen die allgemeine Situation wie folgt charakterisiert werden:

- Überkapazitäten in der Produktion,
- Sättigung bzw. geringes Wachstum auf der Nachfrageseite,
- zunehmende Differenzierung der Kundenwünsche,
- Internationalisierung des Wettbewerbs,
- Angleichung von Qualität und Know-how (hohe Qualitätsstandards als Norm).

Diese Rahmenbedingungen machen eine permanente Anpassung der Unternehmen an die Markterfordernisse, und damit der Prozesse, notwendig. Prozesse müssen hinsichtlich Kosten, Zeit und Qualität den Anforderungen der Abnehmer genügen. Insbesondere die stark zunehmenden → **Gemeinkosten** im Verhältnis zu den → **Einzelkosten** erfordern effiziente Prozesse, die vorwiegend über Rationalisierungsmaßnahmen realisiert werden.

Rationalisierungsmaßnahmen setzen stets voraus, dass die im Unternehmen ablaufenden Leistungsprozesse den Entscheidungsträgern transparent sind. Dies bedeutet, dass genaue Informationen darüber vorliegen müssen, wofür welche Leistungen in welchen Mengen erbracht werden. Erst mit diesen Informationen kann abschließend beurteilt werden, wo sich Ansatzpunkte zur Rationalisierung ergeben.

Eine Leistungstransparenz als Vorstufe einer Rationalisierung setzt somit zunächst eine Komplexitätsbewältigung voraus.

Dieses kann z.B. durch den Versuch geschehen, Komplexität abzubauen, indem die Vielzahl und Vielfalt reduziert wird. In manchen Fällen ist ein Komplexitätsabbau jedoch aufgrund von Kundenwünschen nicht möglich bzw. sinnvoll. In allen Fällen muss versucht werden, den identifizierten Komplexitätsbedarf zu beherrschen.

Komplexität versuchte man in der Vergangenheit durch Arbeitsteilung, d.h. eine Zerlegung des Gesamtsystems in überschaubare Teileinheiten, zu erfassen, um sie damit zu bewältigen.

Diese dann für sich transparenten Einheiten wurden im Hinblick auf Rationalisierungsmöglichkeiten untersucht. Aufgrund des dominierenden Personalkostenanteils in vielen Unternehmen sind deutliche Effizienzsteigerungen durch eine faktororientierte Vorgehensweise, die im Wesentlichen die Substitution von Personal durch Kapital, d.h. Technik, beinhaltet, zu vermuten. Grenzen derartiger Rationalisierungsmaßnahmen sind durch den jeweiligen Stand der Technik gesetzt. Auch wenn diese Teilbereichsoptimierungen in Unternehmen nie als abgeschlossen gelten können, haben die Maßnahmen insgesamt nicht zu der erwünschten Effizienzsteigerung geführt. Die Ursachen dafür liegen sicherlich unter anderem darin begründet, dass lediglich isolierte Teilbereiche optimiert wurden.

Mit zunehmendem Größenwachstum und einer weitgehenden innerbetrieblichen Spezialisierung erfordert das Zusammenfügen der einzelnen Verrichtungen zu einer vollständigen Absatzleistung einen deutlich zunehmenden Koordinationsaufwand. Dazu sind Abstimmungsprozesse erforderlich, um Doppelarbeiten und Fehlleistungen zu vermeiden.

Aus der Optimierung von Teilbereichen entsteht kein Gesamtoptimum, da die Abstimmung der Bereiche nicht notwendigerweise optimal ist. Die Koordinierungskosten sind nur schwer zu erfassen und zuzuordnen. Damit verringert sich gleichzeitig das Wissen über die Ursachen der Kostenentstehung im Unternehmen. Um aber gezielte Maßnahmen zur Rationalisierung konzipieren und durchführen zu können, ist dieses Wissen über die Kostenverursachung Voraussetzung.

Die Realisierung von vorhandenen Effizienzreserven ist nicht vorrangig durch weitere Detailoptimierungen zu erreichen, sondern es ist vielmehr erforderlich, die Abstimmung und Zusammenarbeit der spezialisierten Einzeltätigkeiten zu verbessern. Damit verbunden ist die Notwendigkeit, die Arbeitsabläufe zu verbessern, was eine klare Prozessorientierung des Unternehmens nach sich zieht und erforderlich macht. Diese Prozessorientierung stellt das Management vor neue Herausforderungen.

> Aus der Verbesserung der betrieblichen Teilbereiche entsteht nicht automatisch eine Verbesserung des gesamtbetrieblichen Leistungserstellungsprozesses, da die Koordinations- und Abstimmungsprozesse nicht notwendigerweise effektiv und effizient sind. Daher ist zur Verbesserung des gesamtbe-

trieblichen Leistungserstellungsprozesses eine klare Prozessorientierung erforderlich.

Es sind die Prozessgestaltungsmöglichkeiten darzustellen, die es erlauben, den betrieblichen Leistungserstellungsprozess rationeller zu erbringen. In der Literatur allgemein genannte Möglichkeiten sind: Prozessausgliederungen bzw. -eingliederungen, Prozessverbesserungen, Prozessinnovationen sowie Prozessabbau.

Möglichkeiten zur Erbringung von rationelleren betrieblichen Leistungserstellungsprozessen sind:
- Prozessausgliederungen bzw. -eingliederungen,
- Prozessverbesserungen,
- Prozessinnovationen und
- Prozessabbau.

1.2 Welche Ziele werden mit dem Prozessmanagement verfolgt?

Die mit der Einführung eines Prozessmanagements verbundenen Ziele/ Erwartungen können mit folgenden Begriffen schlagwortartig ausgedrückt werden:

- Effektivität,
- Effizienz,
- Flexibilität,
- Schnelligkeit,
- Pünktlichkeit,
- Transparenz.

Unter den oben genannten Begriffen wird Folgendes verstanden:

→ Effektivität soll ausdrücken, dass ein Prozess den richtigen Output zur richtigen Zeit am richtigen Ort zum richtigen Preis liefert. Maßstab für die Effektivität eines Prozesses sind die Erwartungen der Kunden.

→ Effizienz soll das ökonomische Prinzip in den Ausprägungen des Maximal- und Minimalprinzips zum Ausdruck bringen: maximales Leistungsniveau bei konstantem Verbrauch von Ressourcen wie Material, Raum,

Arbeitszeit und Maschinen oder Minimierung des Ressourcenverbrauchs bei konstantem Leistungsniveau.

→ Mit **Flexibilität** soll das Ziel zum Ausdruck gebracht werden, Prozesse den sich ständig verändernden Kundenerwartungen und technischen Möglichkeiten schnell und zuverlässig anzupassen. Auf Ausnahmen und Unwägbarkeiten muss ein Prozess flexibel reagieren.

→ **Schnelligkeit** und **Pünktlichkeit** sind entscheidend dafür, ob ein Prozess innerhalb des gesetzten Zeitrahmens durchgeführt wird. Hier stehen insbesondere Wartezeiten bei den Übergaben zwischen den verschiedenen Stationen im Fokus des Prozessmanagements.

→ Die vollständige **Transparenz** der Prozesse ermöglicht die Ermittlung der Einflussgrößen, die das Leistungsniveau bestimmen. Hierdurch eröffnet sich eine zielorientierte Beeinflussung der betrieblichen Prozesse.

> Ziele des Prozessmanagements sind: Erhöhung der Effektivität, der Effizienz, der Flexibilität, der Schnelligkeit, der Pünktlichkeit sowie der Transparenz.

Gestaltungsobjekt des Prozessmanagements sind die wertschöpfenden Geschäftsprozesse, sog. Leistungsprozesse eines Unternehmens.

> Allgemeines Ziel des Prozessmanagements ist die zielorientierte Beeinflussung der Leistungsprozesse eines Unternehmens nach verschiedenen Gesichtspunkten.

Eine zielorientierte Beeinflussung von Leistungsprozessen kann die Kosten, die Zeit und die Qualität zum Ansatzpunkt ihrer Analysen und Maßnahmen wählen. In allen Fällen besteht das primäre Ziel darin, betriebliche Leistungsprozesse zu verbessern bzw. zu optimieren.

Dieses allgemein formulierte Ziel des Prozessmanagements ist zunächst unabhängig von dem betrieblichen Zielsystem bzw. der strategischen Ausrichtung eines Unternehmens, soweit grundsätzlich eine wirtschaftliche Leistungserstellung anzustreben ist.

Unternehmensindividuelle Zielsetzungen des Prozessmanagements ergeben sich, indem das betriebliche Zielsystem berücksichtigt wird. Das Prozessmanagement setzt bei den betrieblichen Variablen der Entscheidungen bezüglich der in einem Unternehmen ablaufenden → **Prozesse** an. Dazu besteht das zunächst vorgelagerte Ziel darin, über eine prozessorientierte Betrachtung der Leistungserstellung eine Leistungstransparenz im Unternehmen (und eventuell auch für vor- und nachgelagerte Wirtschaftsstufen) zu erlangen. In einem anschließenden Schritt ist das Leistungsangebot den Bedürfnissen der Empfänger der Leistung sowie dem betrieblichen Zielsystem gegenüberzustellen.

Praxishinweis

Leiten Sie Ihre unternehmensindividuellen Ziele des Prozessmanagements aus dem betrieblichen Zielsystem ab. Stellen Sie die Ziele sowie das Leistungsangebot den Bedürfnissen der Empfänger der Leistungen gegenüber.

Bei diesem Vorgehen aufgedeckte Defizite der Leistungserstellung sind durch anschließend zu ergreifende Maßnahmen des Prozessmanagements zu beseitigen. Maßnahmen des Prozessmanagements haben zum Ziel, vorab definierte Leistungsstandards möglichst kostengünstig zu erbringen bzw. zu erstellen. Dazu müssen Prozessgestaltungsalternativen erkannt, hinsichtlich ihrer Wirkungen auf Kosten, Zeiten und Qualitäten bewertet und anschließend umgesetzt werden.

Die Ziele des Prozessmanagements sind in Abbildung 1 zusammengefasst:

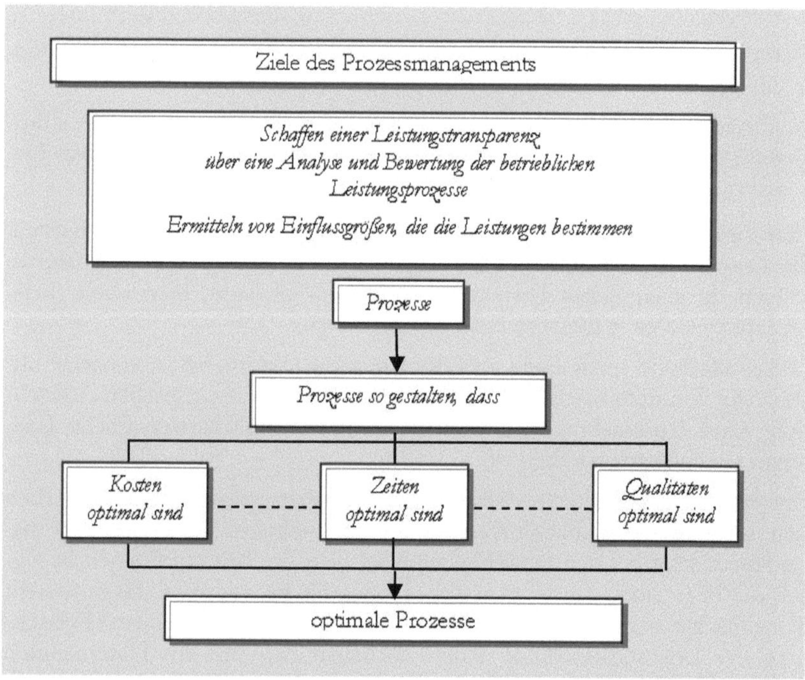

Abb. 1: Ziele des Prozessmanagements

Maßnahmen zur Erreichung der Zielgrößen des Prozessmanagements können in Unternehmen neue Herausforderungen und ggf. Zielkonflikte verursachen, da die dazu häufig notwendigen Veränderungen der Leistungserstellung in der Regel nicht unabhängig von den Kunden durchgeführt werden können. Beispielsweise könnten die Abwandlungen eines Prozesses von den Kunden als Leistungsreduzierung empfunden werden.

Kosten und Leistungen sind eng miteinander verflochten, so dass Rationalisierungs- und Leistungssteigerungs- bzw. -erhaltungsziele häufig miteinander in Zielkonflikt stehen. In diesen Fällen ist die Unternehmensleitung gefordert, Entscheidungen mittels der Vorgabe von Zielprioritäten herbeizuführen.

Dennoch ist in Unternehmen eine Vielzahl gerade innerbetrieblicher Prozesse zu beobachten, die weitgehend losgelöst von der Wahrnehmung der Kunden ablaufen, wie beispielsweise die Personalverwaltung.

1.3 Wie kann die Einführung eines Prozessmanagements vorbereitet werden?

Grundsätzliche Zielsetzung des Prozessmanagements ist, Prozesse zu strukturieren und zu optimieren, das erforderliche Minimum an Schnittstellen zu definieren, Abläufe aufgaben- und ergebnisgerecht zu steuern, Organisationsstrukturen prozessorientiert zu gestalten, Kennzahlen zur Erkennung von Zielabweichungen zu ermitteln und damit insgesamt die → **Wertschöpfung** zu erhöhen.

Um diese Ziele des Prozessmanagements erreichen zu können, ist es erforderlich, eine Prozessmodellierung vorzubereiten. Die Vorbereitung einer Prozessmodellierung könnte wie in Abbildung 2 gezeigt ablaufen.

1.4 In welchen Bereichen können Sie ein Prozessmanagement einsetzen?

Es ist zu prüfen, ob Prozessmanagement in allen Unternehmen und allen Bereichen angewendet werden kann.

Eine betriebswirtschaftliche Planung und Steuerung des Unternehmens ist nicht nur notwendig, um zukünftig wirtschaftlich erfolgreich bestehen, sondern auch um das Leistungsangebot weiter entwickeln zu können. Denn finanzielle Mittel sind für Unternehmen knappe Ressourcen, so dass der Einsatz von betriebswirtschaftlichen Instrumenten insbesondere unter den

Bedingungen eines zunehmenden Wettbewerbs zur Erzielung eines angemessenen Einnahmenüberschusses notwendig ist. Gelingt dies nicht, ist die Existenz des Unternehmens bedroht oder das Unternehmen ist zukünftig nicht in der Lage, eine angemessene (hochwertige) Leistungserbringung zu gewährleisten. Ein wichtiges Planungs- und Steuerungsinstrument zur Realisierung von Einnahmenüberschüssen ist demzufolge das Prozessmanagement.

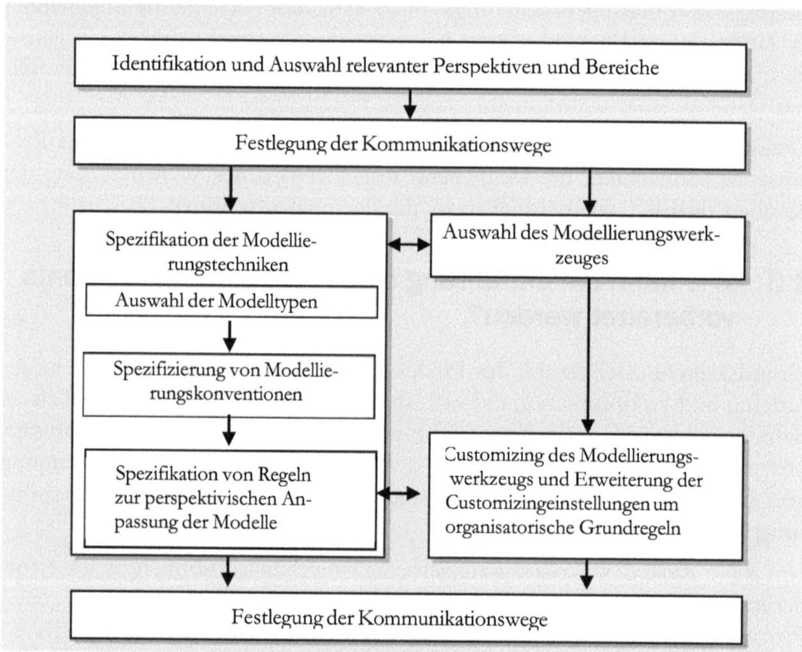

Abb. 2: Vorbereitung einer Prozessmodellierung

Ein Prozessmanagement ist grundsätzlich für alle Unternehmen unabhängig von der Wirtschaftsstufen- und Branchenzugehörigkeit durchführbar, soweit ein in Wettbewerbswirtschaften üblicherweise unterstelltes Effizienzziel angestrebt wird.

Prozessmanagement ist in allen Organisationen, die ein Effizienzziel haben, grundsätzlich durchführbar.

Fraglich ist, ob Prozessmanagement immer ein geeigneter Ansatz ist, um ein Unternehmen wettbewerbsfähig zu gestalten und zudem Wirtschaftlichkeitspotenziale zu erschließen. Zu untersuchen ist, ob die Rahmenbedingungen dies zulassen und welche Einschränkungen aus ihnen resultieren. Hierbei sind neben den gesetzlichen Vorschriften auch die Beziehungen zu den Mitarbeitern, Kunden und Lieferanten entlang der gesamten Wertschöpfungskette sowie die daraus resultierenden Entscheidungsspielräume und -prozesse (Akzeptanz der Umwelt etc.) zu beachten.

In folgenden Situationen wird der Einsatz des Prozessmanagements als besonders lohnend angesehen:

- Strategische Neuausrichtung des Unternehmens,
- Unternehmenszusammenschlüsse,
- Einführung von Qualitätsmanagementsystemen,
- Einführung von Systemen zur Unternehmensplanung und Kundenbetreuung,
- Probleme mit der eingesetzten Unternehmenssoftware.

Unternehmenszweck ist es, Leistungen zu erbringen, die die Bedürfnisse von Kunden befriedigen und durch die erfolgreiche Vermarktung den wirtschaftlichen Erfolg des Unternehmens sichern. Sach- oder Dienstleistungen, alle Leistungen werden in Prozessen erstellt. Jeder Prozess besteht aus Aktivitäten, die aus einem definierten Input ein definiertes Output erzeugen. Der Input eines Prozesses besteht aus Einsatzgütern, wie beispielsweise Arbeitsleistung, Informationen, Betriebsmittel, Energie und Werkstoffe. Der Output ist für Kunden bestimmt bzw. von ihnen in Auftrag gegeben und der Input wird von Lieferanten zur Verfügung gestellt. Daher wird im Zusammenhang mit Prozessen auch von Kunden-Lieferanten-Beziehungen gesprochen. Bei Prozessmanagementprojekten ist es bedeutsam, dass die Prozesse so miteinander verbunden und aufeinander abgestimmt werden, dass der Output (Ergebnis der Prozesskette) die Erwartungen, Anforderungen und Wünsche der externen Kunden erfüllt.

Alle Prozesse sind so zu gestalten und aufeinander abzustimmen, dass das Ergebnis der Prozesskette den Bedürfnissen, Wünschen und Anforderungen der externen Kunden entspricht.

Kernprozesse, Leistungsprozesse, Schlüsselprozesse oder Unternehmensprozesse werden dann als **Geschäftsprozesse** bezeichnet, wenn diese aus einer funktionsüberschreitenden Verkettung von wertschöpfenden Aktivitäten bestehen. Geschäftsprozesse sollen die von Kunden erwarteten Leistungen erbringen und deren Ergebnisse strategische Bedeutung für das Unternehmen haben. Prozessmanagementprojekte müssen ihren Fokus auf Geschäftsprozesse richten, da diese eine strategische Bedeutung für das Unternehmen haben.

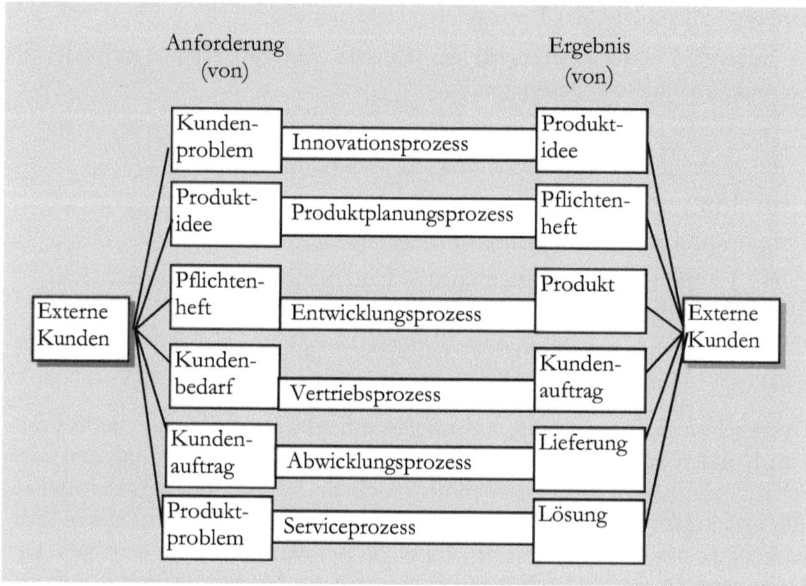

Abb. 3: Geschäftsprozesse

Literaturtipps

Becker, J./Kugeler, M./Rosemann, M. (2000): Prozessmanagement. Ein Leitfaden zur prozessorientierten Organisationsgestaltung, Berlin, Heidelberg.

Füermann, T./Dammasch, C. (2002): Prozessmanagement. Anleitung zur Steigerung der Wertschöpfung, München/Wien.

Kapitel 2

Prozessorientierung als Instrument der Effizienzsteigerung

Unternehmen ist es erlaubt, sämtliche Leistungsprozesse selbst zu erbringen. In Anlehnung an die Entscheidungsalternativen, die Unternehmen in Bezug auf die (einzelbetriebliche) Funktionenübernahme offen stehen, wird ein Entscheidungsbaum abgeleitet. Dieser Entscheidungsbaum spiegelt die grundlegenden Entscheidungen wider, die ein Unternehmen im Hinblick auf zu erfüllende Leistungsprozesse treffen muss bzw. kann.

Dabei wird davon abstrahiert, dass die Entscheidungsalternativen einen unter-schiedlichen Zeithorizont zu ihrer Realisierung aufweisen und nicht bei jeder Entscheidungssituation sämtliche Alternativen überprüft werden müssen.

Die erste Entscheidungsalternative wird darin gesehen, zu beurteilen, inwieweit ein bestehender Prozess anforderungsgerecht ist. Erst Prozesse, die grundsätzlich geeignet sind, die betrieblichen Ziele zu erfüllen, sollen einer weitergehenden Analyse unterzogen werden. Nichtanforderungsgerechte Prozesse verursachen lediglich Kosten, die keinen Nutzen erzeugen, so dass sie abgebaut werden sollten.

Sind Prozesse grundsätzlich anforderungsgerecht, ergeben sich Entscheidungs-alternativen. Zum einen kann geprüft werden, inwieweit die Kosten eines Prozesses durch ein Ausgliedern aus dem eigenen Leistungsspektrum reduziert werden können. Daneben wird der Fall der Prozesseingliederung untersucht, da sich hier absolute Einsparungsmöglichkeiten bei Fremdleistungskosten ergeben. Daneben können die relativen Kosten durch Verbesserung des Leistungsangebotes sinken. Die Darstellung dieser beiden Möglichkeiten als eine Entscheidungsalternative wurde gewählt, um anzudeuten, dass die Entscheidungskriterien für eine Ein- oder Ausgliederung identisch sind. Inwieweit es sich in einem konkreten Fall um eine Ein- oder Ausgliederung handelt, ist lediglich abhängig von der aktuellen Prozessaufteilung im Anbieternetz des Marktes, so dass der gleiche Sachverhalt von einem Leistungsanbieter als Ein- und von einem Anderen als Ausgliederung untersucht werden könnte. Die dazu erforderlichen Informationen sind grundsätzlich gleich. Unterschiede ergeben sich in erster Linie bei den Informationsbeschaffungsmöglichkeiten zur fundierten Entscheidungsfindung.

Als nächstes ist zu untersuchen, inwieweit sich ein bestehender Prozess des aktuellen eigenen Leistungsspektrums so weit verbessern lässt, dass die absoluten oder relativen Kosten des Prozesses sinken. Dazu bieten sich Maßnahmen an, die auf die Zusammenarbeit unternehmenseigener Organe bzw.

Betriebsteile abzielen (hier interne Integrationsmaßnahmen genannt) oder die eine Zusammenarbeit mit außerhalb des Unternehmens stehenden Betrieben bzw. Personen vorsehen (hier externe Integrationsmaßnahmen genannt). Insbesondere die Möglichkeiten der Kostensteuerung durch eine externe Integration sind nur bedingt von Ausgliederungsmaßnahmen abzugrenzen, da eine Reihe von Entscheidungen faktisch einer (Teil-)Prozessausgliederung gleichkommt. Die Trennung soll hier dennoch aufrechterhalten werden, um einen Aspekt der neueren Literatur zum Prozessmanagement zu betonen: der „partnerschaftlichen Zusammenarbeit“ der Mitglieder einer Wertschöpfungskette. Danach sind Maßnahmen, die als Resultat eines Konsenses über die (Neu-)Verteilung der Aufgaben innerhalb eines Leistungsprozesses ergriffen werden, von einseitigen Ausgliederungsbestrebungen eines Unternehmens zu trennen. Während bei Ausgliederungsmaßnahmen nur die Zielvorstellungen des ausgliedernden Unternehmens zu berücksichtigen sind, und die Initiative zur Ausgliederung einseitig von einem Unternehmen ausgeht, müssen externe Integrationsmaßnahmen gemeinschaftlich unter Berücksichtigung der Ziele aller beteiligten Parteien getroffen werden. Diese „gemeinschaftliche“ Entscheidung ist in der Praxis sicherlich fragwürdig, da eine Reihe neuerer Konzepte wie z.B. das „Efficient Consumer Response“ jedoch darauf aufbaut, soll an der Trennung festgehalten werden. Externe Integrationsmaßnahmen sind mit Lieferanten, Wettbewerbern aber auch mit Kunden des Unternehmens denkbar, d.h. auch die Leistungsprozesse außerhalb des eigenen Unternehmens stehender Gruppen sind zu untersuchen.

Als eine weitere Entscheidungsalternative bietet sich das vollkommen neue Entwickeln eines Prozesses an. Prozessinnovationen entstehen aus grundlegenden Umweltveränderungen, die neue Anforderungen an Leistungsprozesse des Unternehmens stellen. Sie entwickeln sich jedoch häufig auch aus der Entscheidung, bestehende Leistungsprozesse abzubauen bzw. einzugliedern oder aber aus Versuchen, bestehende Prozesse zu verbessern. Damit steht auch diese Alternative in einem engen Zusammenhang zu den vorhergehenden, sie soll aber dennoch aus analytischen Gründen als eigenständige Kategorie dargestellt werden.

Abbildung 4 bietet einen Überblick über die Möglichkeiten der Effizienzsteigerung von Prozessen.

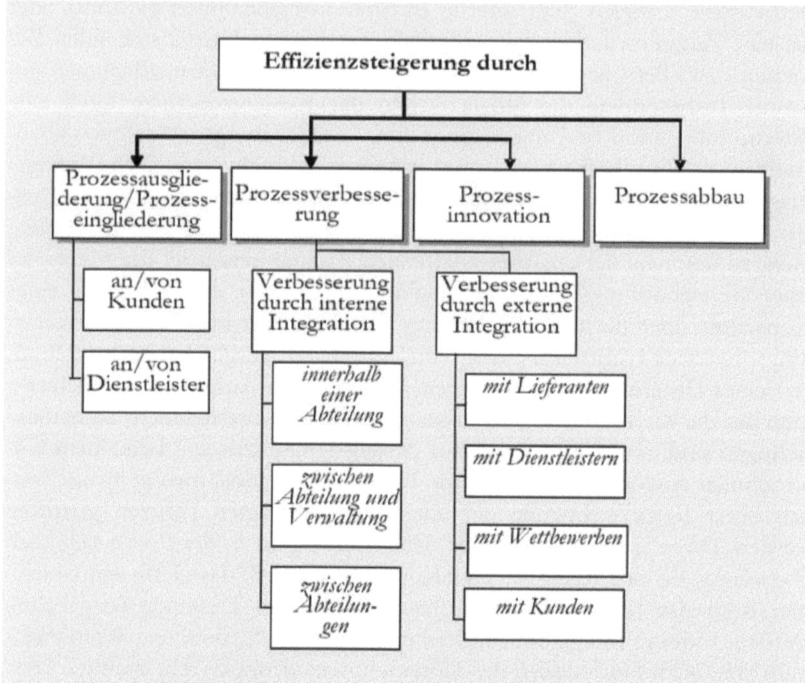

Abb. 4: Möglichkeiten einer Steigerung der Prozesseffizienz

Alle Entscheidungsalternativen ergeben erst dann eine widerspruchsfreie Systematisierung, wenn sie auf dem gleichen Prozessniveau betrachtet werden. Vor der Entscheidung bzw. dem Prüfen der Entscheidungsalternativen muss demzufolge festgelegt werden, ob von der Ebene der horizontal abgegrenzten Prozesse oder auf tiefer liegenden Prozessebenen, entstanden durch eine weitergehende vertikale Analyse, ausgegangen wird.

Praxishinweis

Prüfen Sie alle oben genannten Entscheidungsalternativen auf dem gleichen Prozessniveau, denn sonst bekommen Sie keine entscheidungsrelevanten Daten.

Tendenziell ist zu vermuten, dass mit zunehmender Höhe des Aggregationsniveaus auch die Entscheidungen im Hinblick auf ihre Effizienzwirkungen komplexer werden.

2.1 Effizienzsteigerung durch Prozessabbau

Die Entscheidung, einen Prozess abzubauen, ergibt sich aus seiner Einstufung als nicht anforderungsgerecht, d.h. der Prozess ist der Bewertung zufolge nicht geeignet, zur betrieblichen Zielerreichung einen Beitrag zu leisten. Dabei sind die Fälle unterscheidbar,

- dass ein Prozess grundsätzlich keinen Nutzen im Hinblick auf die Zielerreichung erwirtschaftet oder
- dieser Nutzen trotz wirtschaftlicher Prozesserstellung dauerhaft kleiner ist als die dadurch entstehenden Kosten.

Instrumente, die nutzbar sind, die Anforderungsgerechtigkeit beurteilen zu können, sind insbesondere die Controlling orientierten Verfahren und hier speziell die → **Gemeinkosten-Wertanalyse** (inklusive der Nutzwertanalyse und das ZBB. Dadurch, dass der Nutzen erbrachter Leistungsprozesse in einem betriebsinternen Bewertungsprozess ermittelt wird, bieten Controlling orientierte Verfahren vornehmlich Hilfestellungen bei der Analyse von Abbaumöglichkeiten interner Prozesse. Qualitätskennzahlen und das → **Benchmarking** können als zusätzliche Indikatoren für die Beurteilung nach außen gerichteter Prozesse herangezogen werden, da sie auch die Nutzenerwartungen der externen Kunden mit in die Bewertung einbeziehen.

Die Bewertungsprobleme für Prozesse verdeutlichen, dass es sich bei Prozessabbauentscheidungen um sehr grundlegende, da langfristig wirksame und häufig komplexe Entscheidungen handelt. Das Risiko der Fehlentscheidung ist entsprechend hoch einzuschätzen, so dass es in seltenen Fällen zu einem vollständigen Abbau eines Prozesses kommen wird.

In erster Linie wird sich das Prozessmanagement aus diesen Gründen zunächst mit den nun vorzustellenden Möglichkeiten der Prozessaus- bzw. -eingliederung und Prozessverbesserung beschäftigen, da Maßnahmen hier leichter durchsetzbar sein dürften.

Prozesse sind immer dann abzubauen, wenn sie keinen Beitrag oder einen dauerhaft geringeren Beitrag als durch diese Prozesse verursachte Kosten leisten. Eine Bewertung von Prozessen hinsichtlich deren Anforderungsgerechtigkeit ist komplex und mit hohen Unsicherheiten verbunden.

2.2 Effizienzbeeinflussung durch Prozessaus-/Prozesseingliederung

2.2.1 Allgemeine Voraussetzungen

Unter einer Prozessausgliederung soll die bewusste Entscheidung eines Unternehmens verstanden werden, ehemals in ihren Leistungsbereich fallende Prozesse gezielt aus dem internen Leistungsprogramm auf Externe zu verlagern.

Eine Prozesseingliederung ist demzufolge die bewusste Entscheidung eines Unternehmens, ehemals außerhalb des betrieblichen Leistungsbereichs liegende Prozesse in das eigene Leistungsprogramm aufzunehmen. Die folgenden Ausführungen beziehen sich zunächst auf den im Rahmen des Prozessmanagements häufiger anzutreffenden Fall der Prozessausgliederung, sind jedoch grundsätzlich auch für die Eingliederungsentscheidungen gültig.

Hier behandelte Prozesse sind prinzipiell im Unternehmen bzw. in der Nutzungs- und Nachnutzungsphase anforderungsgerecht, die Frage nach dem Leistungserbringer muss aber in Verhandlungsprozessen geklärt werden.

Dabei sind die vollkommene Ausgliederung und die totale Eigenerstellung von Prozessen lediglich als Pole zu verstehen, zwischen denen eine Reihe von Abstufungen denkbar ist, wie z.B. Prozesskooperationen. Hier soll zunächst nur der Fall unterstellt werden, dass beide Partner rechtlich und wirtschaftlich selbständig operieren können und nur die beiden Extremententscheidungen zur Disposition stehen.

Inwieweit es sich dabei um eine Prozessaus- bzw. -eingliederung oder lediglich um eine Teilprozessaus- bzw. -eingliederung handelt, ist von der zugrunde gelegten Prozessabgrenzung sowie der aktuellen Prozessverteilung abhängig und damit nur im Einzelfall zu klären. Wenn im Folgenden lediglich von einer Prozessaus- bzw. -eingliederung gesprochen wird, sollen dennoch beide Fälle subsumiert werden.

Die Entscheidung zur Prozessausgliederung bzw. Prozesseingliederung ist gleichzusetzen mit der Entscheidung über Anzahl, Art und Intensität der selbst zu erstellenden Leistungsprozesse eines Unternehmens. Jede Unternehmensleitung steht dabei sowohl bei der Gründung als auch während der gesamten Lebensdauer des Unternehmens vor dem Entscheidungsproblem der „optimalen“ Leistungstiefe. Gesucht wird für jeden Aufgabenbereich das bestmögliche Verhältnis zwischen den intern zu beherrschenden und zu verantwortenden Eigenaktivitäten einerseits und den von Externen zu erfüllenden Leistungsprozessen andererseits. Es geht also um den jeweils effizientesten Integrationsgrad zwischen dem Unternehmen und seinen Marktpartnern.

Entscheidungen zur Prozessaus- und Prozesseingliederungen liegt das Entscheidungsproblem der „optimalen“ Leistungstiefe zugrunde. Gesucht wird ein effizienter Integrationsgrad zwischen dem eigenem Unternehmen und den externen Marktteilnehmern.

Das Entscheidungsproblem besteht darin, diejenigen Prozesse auszuwählen, die selber übernommen werden sollen und diejenigen zu identifizieren, die sinnvoll ausgegliedert werden könnten bzw. weiterhin außerhalb des eigenen Unternehmens erbracht werden sollen. Das vorrangige Ziel der Prozessaus- und -eingliederung besteht aus einzelbetrieblicher Sicht darin, die absoluten oder relativen Kosten der eigenen Leistungserstellung zu senken. Daneben können jedoch vorökonomische Größen wie „Leistungstransparenz“ bei der Entscheidung eine wesentliche Rolle spielen. Auch bei dieser Zielvorstellung gilt jedoch, dass dadurch insgesamt (langfristig) eine absolute Kosten- oder Leistungsverbesserung erreicht werden sollte.

Vorrangiges Ziel einer Prozessaus- bzw. -eingliederung ist die Senkung der Kosten und/oder eine Leistungsverbesserung.

Eine wesentliche Vorauswahl aus Kostengesichtspunkten aus- oder auch einzugliedernder Prozesse wird durch eine Vorstrukturierung der Prozesse gemäß ihrer Prozesseigenschaften ermöglicht.

Abbildung 5 zeigt das Ergebnis des Versuchs aus identifizierten Eigenschaften der Prozesse Aussagen im Hinblick auf ihre Auslagerungsfähigkeit aus dem Unternehmen abzuleiten. Diese Eigenschaften sind ebenfalls nutzbar, um die Entscheidung zur Eingliederung von bisher fremderstellten Prozessen ins Unternehmen zu fundieren.

Vorrangige Eigenschaften		
Spezifität	niedrige Spezifität	hohe Spezifität
strategische Bedeutung	geringe strategische Bedeutung	große strategische Bedeutung
Unterstützende Eigenschaften		
Unsicherheiten	niedrige Unsicherheit	hohe Unsicherheit
Häufigkeit	geringe Häufigkeiten	große Häufigkeiten
Konsequenzen für das Prozess-management	Prozess eher auslagern	Prozess eher selber durchführen (halten oder eingliedern)

Abb. 5: Eigenschaften von Prozessen

Im Hinblick auf die Spezifität eines Prozesses gilt tendenziell, dass mit abnehmender Spezifität die Möglichkeiten einer Prozessauslagerung steigen oder umgekehrt eine zunehmende Spezifität die Notwendigkeit zur Eigenerstellung anwachsen lässt. Dieses ist damit erklärbar, dass die Spezifität eines Prozesses die Intensität der Verhandlungs- und Abstimmungsprozesse zwischen dem Unternehmen und den potenziellen Prozessübernahmepartnern bestimmt, deren Kosten unter Umständen eine Auslagerung nicht mehr wirtschaftlich machen. Darüber hinaus ist die Erstellung unternehmensspezifischer Leistungen für Marktpartner meist uninteressant, da keine weiteren Nachfrager auf dem Markt für die Leistungen gefunden werden können. Inwieweit ein Prozess spezifisch ist, ist jeweils am konkreten Einzelfall zu prüfen. Der Prozess der Dokumentation von Kundendaten kann im Unternehmen beispielsweise ein Prozess hoher Spezifität sein, wenn das Unternehmen eine unternehmensindividuelle Kundendatendokumentation anstrebt. In diesem Fall bietet sich eher die Übernahme der Kundendatendokumentation durch das eigene Personal an. Übernimmt ein Unternehmen dagegen ein standardisiertes Kundendatendokumentationssystem, ist die Datendokumentation von eher geringer Spezifität und kann damit problemloser ausgelagert werden.

Eine niedrige strategische Bedeutung eines Prozesses erhöht die Chancen, diesen Prozess vorteilhaft aus dem Unternehmen auszulagern. Mit strategisch bedeutsamen Prozessen gelingt einem Unternehmen dagegen die Abhebung von den Konkurrenten. Sie sind für eine Auslagerung kaum noch geeignet, da ein Unternehmen solange wie möglich versuchen wird, mit diesen Prozessen Wettbewerbsvorteile zu halten.

Das Kriterium der strategischen Bedeutung ist insgesamt höher zu bewerten als das der Spezifität. Auch bei Prozessen hoher Spezifität, jedoch geringer strategischer Bedeutung, wie z.B. einer einmaligen Leistung, ist eine Auslagerung sinnvoll, da die zur Eigenerstellung erforderliche Ressourcen selten wirtschaftlich einsetzbar sein dürften.

Prozesse mit einer hohen strategischen Bedeutung und Spezifität sind in der Regel für eine Auslagerung nicht geeignet, wobei der strategischen Bedeutung eines Prozesses höhere Bedeutung als der Spezifität zukommt.

Niedrige Unsicherheiten eines Prozesses deuten auf einen stabilen Prozessablauf hin, der als wesentliche Erleichterung für die Entscheidung zur Auslagerung angesehen werden kann. Die Dokumentation von Kundendaten in einem standardisierten Programm ist z.B. geringen Unsicherheiten unterworfen. Ist ein Prozess dagegen im Ablauf vielen unvorhergesehenen Änderungen unterworfen, sinken die Chancen, ihn sinnvoll aus dem Leistungserstellungsprozess auszugliedern, da die dann zu stellenden Anforderungen an den Prozesspartner kaum noch hinreichend spezifiziert werden können. Ähnliches gilt für die Auslagerung von Prozessen, die viele Schnittstellen im Unternehmen durchlaufen und dadurch bedingt eine enge Verzahnung zu anderen Leistungsprozessen aufweisen. Die durch eine Auslagerung erwachsenden Abstimmungsprobleme dürften als zu hoch für eine Prozessauslagerung einzuschätzen sein. Hier sei beispielhaft die fachabteilungsindividuelle Dokumentation von Kundendaten genannt.

Die Häufigkeit eines Prozesses ist unmittelbar auch für die Wirtschaftlichkeit einer Eigenübernahme verantwortlich. Erst ab einer bestimmten Häufigkeit ist der Aufbau eigener Kapazitäten lohnenswert, da eine Auslastung gewährleistet werden kann. Daraus ergibt sich, dass mit steigender Unternehmensgröße auch die Möglichkeiten, Prozesse selbst zu übernehmen, zunehmen. Andererseits bestimmt die Häufigkeit jedoch auch die Chancen, einen externen Spezialisten zu finden, der die Prozesserstellung übernimmt. Die Prozesshäufigkeit wird deshalb lediglich als unterstützende Eigenschaft eingeordnet, da auch bei vielen Wiederholungen nur dann eine Eigenerstellung erfolgen sollte, wenn es sich um einen strategisch bedeutsamen und spezifischen Prozess handelt.

Die Klassifizierung eines Prozesses nach den Eigenschaften Unsicherheiten und Häufigkeit unterstützt lediglich die Entscheidung einer Aus- bzw. Einlagerung eines Prozesses.

Neben den Prozesseigenschaften sind bei der Entscheidung über die Auslagerung bzw. Eingliederung von Prozessen noch weitere Rahmenbedingungen zu berücksichtigen, die Barrieren für die Auslagerung bzw. Eingliederung darstellen könnten. Hierzu zählen die Verfügbarkeit von Kapital und Know-how, die Verfügbarkeit von informations- und kommunikationstechnischen Infrastrukturen, rechtlichen Rahmenbedingungen, beschäftigungspolitische Restriktionen oder das Ausmaß der Standortflexibilität.

Wurde eine Prozessvorselektion mit Hilfe des vorangestellten Rasters vollzogen, folgt in einem zweiten Schritt eine detaillierte Analyse der zur Auslagerung bzw. Eingliederung geeigneten Prozesse. Da die Zielgröße unter anderem in einer Kostenreduzierung besteht, müssen die Kosten der Eigen- oder Fremddurchführung eines Prozesses miteinander verglichen werden. Als Entscheidungsregel für einen Kostenvergleich gilt, dass eine Prozessausgliederung zumindest dann in Erwägung gezogen werden sollte, wenn die Kosten der Fremderstellung unter denen der Eigenerstellung des Prozesses liegen.

Praxishinweis
Klassifizieren Sie zunächst die Prozesse nach Prozesseigenschaften und nehmen Sie entsprechend den Eigenschaften eine Vorselektion der aus- bzw. einzugliedernden Prozesse vor. Danach prüfen Sie die Rahmenbedingungen hinsichtlich der möglichen Restriktionen. In einem weiteren Schritt ist ein Kostenvergleich durchzuführen.

Nachdem zunächst die allgemeinen Voraussetzungen für eine Prozessausgliederung bzw. eine Prozesseingliederung vorgestellt wurden, sollen im Folgenden die Prozessaus(ein-)gliederungsalternativen gemäß des vorangestellten Entscheidungsbaumes nach den verschiedenen Teilnahmegruppen differenziert vorgestellt werden. Dabei werden folgende Möglichkeiten der Fremdvergabe bzw. Eigenerstellung untersucht:

Verlagerung der Prozesse auf den Kunden / Eingliederung von Prozessen der Kunden;

Delegation der Prozesse an selbständige Dienstleister / Eingliederung von Dienstleisterprozessen.

2.2.2 Prozessausgliederung an Kunden / Prozesseingliederung von Kunden

Die Möglichkeiten Prozesse an Kunden auszugliedern, sind auf Prozesse begrenzt, die in der Phase der Endkombination der Leistung zu vollziehen sind, da erst hier ein direkter Kundenkontakt hergestellt wird.

Den vorangestellten Prozesseigenschaften zufolge sollte zunächst eine Vorauswahl der zur Auslagerung an Kunden geeigneten Prozesse erfolgen. Es sollte sich vor allem um relativ einfache, standardisierte Prozesse handeln, deren Abfolge durch den Kunden leicht durchschaubar und einfach nachzuvollziehen ist. Prozesse, die sich in ihrer Art und Weise häufig wiederholen und unternehmensunspezifisch sind, bieten sich eher zur Auslagerung an.

Um die Kostenwirkungen einer Auslagerung dazu geeigneter Prozesse zu untersuchen, muss in einem ersten Schritt eine Prozessbewertung mit den durch den Prozess verursachten Kosten vorgenommen werden. Hier kann eine detaillierte → **Prozesskostenrechnung** Hilfestellung geben. Im Hinblick auf die Entscheidungsrelevanz der Ergebnisse sollte jedoch die Zuordnung der leistungsmengenneutralen (lmn) Kosten aufgegeben werden.

Es sind zunächst die Kosten des Prozesses zu bestimmen. Die Kosten ergeben sich zum einen aus dem dazu in Anspruch genommenen Anlagevermögen, dem Platzbedarf für den Prozess sowie dem für die Durchführung erforderlichen Zeiteinsatz des Personals.

Die ermittelten Kosten müssen nun den Kosten der Prozesserstellung durch den Kunden gegenübergestellt werden. Geht man davon aus, dass dieser oder der Kostenträger keine Entschädigung für die Prozessübernahme erhält (auch nicht in Form von reduzierten Entgelten), ist zu prüfen, ob die bisher mit dem Prozess beauftragten Mitarbeiter tatsächlich abbaubar sind, so dass eine effektive Kostenveränderung entstehen kann. Dabei müssen Prozessgestaltungsmöglichkeiten für den Kunden geprüft werden. Es ist zu beachten, dass die Prozessübernahme durch den Kunden neue Prozesse der Mitarbeiter, wie z.B. Kontrollprozesse, erforderlich machen können, die den möglichen Einsparungen gegen zu rechnen sind. Es besteht bei diesen „neuen“ Prozessen nur die Möglichkeit, die entstehenden Kosten zu schätzen.

In einem weiteren Schritt sollte das Anlagevermögen sowie der Raumbedarf in die Analyse einbezogen werden. Systeme, die vom Personal genutzt werden, sind evtl. nicht für die Prozesserstellung durch die Kunden geeignet, so dass sie evtl. durch neue Systeme ersetzt werden müssen. In diesem Fall ist ein Kostenvergleich vorzunehmen, der Anschaffungskosten und laufende Kosten (z.B. Wartung, Störanfälligkeit) der Systeme berücksichtigt. Im letzten Schritt bleibt zu prüfen, inwieweit sich Veränderungen der Rauminanspruchnahme ergeben. Die Bewertung des veränderten Raumbedarfs ist abhängig davon, inwieweit Raum ein Engpassfaktor im Unternehmen darstellt.

Weiter ist zu untersuchen, welche Faktoren die Bereitschaft der Kunden zur Prozessübernahme positiv beeinflussen. Folgende positive Bestimmungsgründe können vermutet werden:

- Freude an der eigenen Leistung und den damit einhergehenden Lerneffekten;
- Erhöhung der Transparenz des Leistungserstellungsprozesses.

Vermutet werden kann, dass die Bereitschaft zur Prozessübernahme durch folgende Faktoren negativ beeinflusst wird:

- Die Anstrengungen durch die Übernahme der Aktivitäten wird als zu hoch empfunden;
- die Reduzierung der sozialen Kontakte zwischen Personal und Kunde wird als negativ empfunden;
- die erhöhte Eigenverantwortlichkeit ist mit einer erhöhten Unsicherheit verbunden.

2.2.3 Prozessaus- und -eingliederung an und von Dienstleistungsunternehmen

Prozessausgliederungen an Dienstleistungsunternehmen bzw. Eingliederungen von Dienstleistern erfordern aus der Sicht des Unternehmens grundsätzlich ähnliche Überlegungen wie die Prozessausgliederung an Kunden. Dieses trifft insbesondere auf die Anforderungen an die auszugliedernden Prozesse und das grundsätzliche Vorgehen bei der Entscheidungsfindung zu. Auch hier steht die Unternehmensleitung vor dem Entscheidungsproblem, welcher Ausschnitt aus der Wertschöpfungskette durch sie selber vollzogen werden soll und welche Prozesse durch Externe zu übernehmen sind.

Unter „Externen" können sowohl rechtlich und wirtschaftlich selbständige Dienstleistungsunternehmen verstanden werden, mit denen ein Unternehmen fallweise Dienstleistungsverträge abschließt, als auch Dienstleistungsanbieter innerhalb von Kooperationen.

Für die Prozessaus-/eingliederungsmöglichkeiten an Dienstleister gilt, dass sämtliche in einem Unternehmen durchgeführten Prozesse auch durch Dienstleister ausgeführt werden könnten und umgekehrt. Für ein bereits bestehendes Unternehmen werden sich Aus-/Eingliederungsentscheidungen, die eine Senkung des absoluten Kostenniveaus zum Ziel haben, jedoch auf ausgewählte Bereiche beschränken.

Die strategische Bedeutung eines Prozesses stellt wiederum ein wesentliches Merkmal zur Prozessauswahl dar. Je geringer die strategische Bedeutung des auszugliedernden Prozesses ist und je klarer Inhalte definiert und von anderen Aufgabenbereichen bzw. Unternehmensprozessen abgegrenzt werden können, desto eher besteht eine Tendenz zur Ausgliederung.

Beispiele für auszugliedernde Prozesse könnten Reinigungs- und interne Versorgungs- sowie Sicherungsprozesse, die unter den unterstützenden Prozess „Anlagevermögen verwalten" zusammenzufassen sind, sein. So können Reinigungsleistungen auf spezielle Reinigungsunternehmen verlagert oder die Kantinenbewirtschaftung an einen externen Betreiber vergeben werden. Auch Boten- und Pförtnerdienste sowie Gebäudeschutzmaßnahmen können in vielen Fällen von spezialisierten Dienstleistungsunternehmen durchgeführt werden.

Zielsetzung der Auslagerung ist aber häufig nicht die absolute Kostensenkung, sondern die Gewinnung von Flexibilität bezüglich der Bindungsfristen der eingesetzten Ressourcen sowie eine Entlastung der internen Verwaltung von Verwaltungs- und Kontrollprozessen. Dadurch ist eine Konzentration auf das ausgewählte Kerngeschäft möglich.

Das Auslagerungsrisiko in Bezug auf entstehende Abhängigkeiten von Dienstleistungsunternehmen ist bei den genannten Prozessen relativ gering, da es nur geringe Markteintrittsbarrieren für das Unternehmen gibt, d.h. Leistungen gegebenenfalls wieder einzugliedern und in eigener Regie durchzuführen.

Die Entscheidungsfindung wird deutlich komplexer, wenn es sich um Prozesse handelt, die vermutlich einen wesentlicheren Einfluss auf den Erfolg des Unternehmens und damit eine größere strategische Bedeutung für das Unternehmen besitzen. Je nach der strategischen Ausrichtung können Logistikprozesse inklusiv der Entsorgungsprozesse, Marketingprozesse oder Informationsverarbeitungs- und Verwaltungsprozesse an Dienstleister vergeben werden. Es ist in der Unternehmenspraxis bereits längere Zeit üblich, Marketingprozesse an darauf spezialisierte Werbe- und PR-Agenturen zu übertragen oder Planungs- oder Kontrollprozesse an Unternehmensberatungen, Wirtschaftsprüfer, Steuerberater oder Rechtsanwälte auszugliedern. Relativ neu sind jedoch Initiativen, auch Informationsverarbeitungsprozesse an Dienstleister zu vergeben. Außerdem bestehen Ansätze, Dienstleistungsprozesse, wie die gesamte Immobilienbewirtschaftung oder bürotechnische Dienste, auszulagern.

Als wesentliche Vorteile der Ausgliederung von Prozessen an Dienstleister werden häufig Kostenstrukturverschiebungen hin zu den variablen Kosten genannt, da nur die von Dienstleistern in Anspruch genommenen Leistungen bezahlt werden müssen, d.h. keine eigenen Kapazitäten vorzuhalten sind. Die Kostentransparenz des Unternehmens kann dadurch zwar steigen, dennoch sollte das Kriterium der Abbaubarkeit beachtet werden. Je spezifischer die von den Dienstleistern erbrachten Leistungen an das Unternehmen angepasst werden müssen, desto weniger ist der Dienstleister in der Lage, seine Dienste auch weiteren Kunden anzubieten. Er verliert einen Teil seiner ursprünglichen Effizienzvorteile (beispielsweise durch die Bündelung mehrerer Aufträge verschiedener Auftraggeber). Sind also kundenspezifische

Investitionen erforderlich, wird der Dienstleister versuchen, sein Investitionsrisiko durch den Abschluss langfristiger Bindungsverträge zu verringern, so dass es sich dann nicht mehr um variable Kosten handelt.

Wesentliche Voraussetzung für eine Auslagerung sind die Möglichkeiten, einen Dienstleister zu finden, der den vorab zu definierenden Grad an Leistungsqualität gewährleisten kann. Die Suche nach potenziellen Dienstleistern sowie die sich dann eventuell anschließenden Vertragsverhandlungen verursachen (einmalige) Transaktionskosten, die in das Entscheidungskalkül einzubeziehen sind.

Ein zentrales Problem der Auslagerung an Dienstleister aus prozessualer Sicht ist die reibungslose Abwicklung der Kommunikation sowie ggf. die Integration bestehender EDV-Systeme zwischen den Vertragspartnern. Dienstleister sind zusätzliche Parteien, die in den Leistungserstellungsprozess integriert werden. Dadurch steigt die Anzahl zu überwindender Schnittstellen und unterschiedlicher Zielvorstellungen, so dass die Prozesssteuerung insgesamt komplexer wird. Das Ergebnis ist eine weitergehende Spezialisierung, die Abstimmungen erfordert, die wiederum Kosten verursachen.

Grundsätzlich kann jede Aktivität auf die Verbundzentrale oder auf ein Mitglieds-Unternehmen übertragen werden. In der Praxis werden sich insbesondere Dienstleistungen zur Auslagerung eignen, die Beschaffungs-, Controlling- und Marketingprozesse zum Inhalt haben.

Besondere Probleme entstehen in Verbundgruppen, in denen keine eigenständige Vergütung nach Inanspruchnahme von übernommenen Leistungsprozessen besteht. Da der Bedarf und die Inanspruchnahme jedoch je nach Unternehmensgröße und Betriebsart sehr unterschiedlich sind, führt eine derartige Praxis zwangsläufig zu Interessenkonflikten zwischen den Mitgliedern. Fundierte Aus- bzw. Eingliederungsentscheidungen sind nur dann möglich, wenn Leistungen Preise zugeordnet werden, die für alle Mitglieder transparent und nachvollziehbar sind. Dazu müssen jedoch ebenso die Verbundzentralen Kosteninformationen sammeln, die die Kalkulation von Dienstleistungsprozessen ermöglichen.

Wie auch bei den Möglichkeiten der Eingliederung von Prozessen der Kunden ist eine entsprechende Prozess(rück)eingliederung der Dienstleistungsprozesse in das eigene Unternehmen eine mögliche Maßnahme zur Kostensenkung. Die dazu erforderlichen Überlegungen decken sich wiederum mit denen zur Prozessausgliederung.

2.3 Prozessbeeinflussung durch Prozessverbesserungen

Im Mittelpunkt der Betrachtung stehen diejenigen Prozesse, die das Unternehmen selbst erstellen möchte/muss, die aber unter Umständen verbessert, d.h. effizienter erbracht werden können.

Ein Prozess ist dann gegenüber anderen effizienter, wenn bei gegebenem Output der dazu erforderliche Input geringer ist bzw. bei gleichem Input ein größerer Output erzeugt wird. Im ersten Fall sinken die absoluten Kosten, im zweiten Fall handelt es sich um eine relative Kostensenkung.

Aufgrund der Probleme, die sich bei der Bestimmung, ob es sich um eine Prozess- oder eine Teilprozessausgliederung handelt, ist eine Abgrenzung zur Prozessausgliederung nur bedingt trennscharf. So können kooperativ erstellte Prozesse, bei denen jeder Kooperationspartner teilweise an der Prozesserstellung beteiligt ist, je nach Betrachtungsschwerpunkt sowohl als Prozessausgliederung als auch als Prozessverbesserung verstanden werden. An dieser Stelle sollen die Möglichkeiten, Prozesse in Kooperation mit Partnern zu erstellen, als Maßnahmen zur Prozessverbesserung dargestellt werden.

Prozessverbesserungen können sich auf innerbetriebliche Prozesse beschränken, die im direkten Einflussbereich des Unternehmens liegen. Dieses entspricht im Wesentlichen den klassischen Rationalisierungsbemühungen, die bereits teilweise unter den Prozessausgliederungsmöglichkeiten an Kunden erläutert wurden. Bezogen auf das Unternehmen können Prozessverbesserungen innerhalb des Unternehmens differenziert werden in Verbesserungen:

- innerhalb einer Abteilung,
- zwischen den Abteilungen und solchen
- zwischen der/den Abteilungen und der Verwaltung.

Ein wesentlich größeres Potenzial an Prozessverbesserungsmöglichkeiten eröffnet sich, wenn sich das Unternehmen konsequent prozessorientiert ausrichtet und den gesamten Markt bzw. zumindest vorhergehende und nachfolgende Leistungsersteller mit in die Analyse einbezieht. Prozessverbesserungen erschließen sich dann durch die Möglichkeit, externe Leistungsersteller in die eigene Prozesserstellung zu integrieren, wie:

- eine Integration mit Lieferanten;
- eine Integration mit Dienstleistungsunternehmen;
- eine Integration mit Mitbewerbern sowie
- eine Integration mit Kunden.

2.3.1 Grundsätze zur Prozessverbesserung

Im Hinblick auf das Kostensenkungsziel des Prozessmanagements stellt sich die zentrale Frage, wie Prozesse zu gestalten sind, damit eine höhere Prozesseffizienz erzielt werden kann. Dazu sollen zunächst Gestaltungsanforderungen an Prozesse dargestellt werden.

Hinweise zu Gestaltungsanforderungen bzw. Gestaltungsempfehlungen für Prozesse finden sich insbesondere in der Literatur zum Business Process Reengineering, meist unter dem Stichwort „Geschäftsprozessoptimierung".

Praxishinweis

Es werden folgende Empfehlungen zur Prozessgestaltung genannt:

- Jeder → Geschäftsprozess beginnt und endet bei den Kunden, die Leistungsanforderungen stellen und Prozessergebnisse erhalten.
- Jeder Geschäftsprozess ist in Teilprozesse, Prozess- und Arbeitsschritte zu unterteilen.
- In jedem Geschäftsprozess wird ein Objekt komplett bearbeitet.
- Nicht wertschöpfende Teilprozesse, Prozess- und Arbeitsschritte sind zu eliminieren.
- Für jeden Geschäftsprozess ist eine zeit- und ressourcengünstige Ablaufstruktur festzulegen.
- Mit den Lieferanten der Geschäftsprozesse sind Leistungsvereinbarungen zu treffen.
- Innerhalb eines Geschäftsprozesses sind einheitliche Ziel- und Erfolgskriterien zu etablieren.
- Für jeden Prozess ist eine eindeutige Verantwortlichkeit vorzusehen.
- Die Basis für eine eindeutige Zurechenbarkeit der Kosten zu den Geschäftsprozessen ist herzustellen.
- Die Anzahl der an der Prozessdurchführung beteiligten Personen bzw. Funktionsbereiche ist zu minimieren.
- Schnittstellen zwischen den einzelnen Funktionsbereichen sind zu beseitigen oder zumindest zu verbessern.
- Kontrollen sind im geringstmöglichen Ausmaße vorzunehmen.

Diese Empfehlungen können erste Anhaltspunkte für Entscheidungsträger bieten, unter welchen Gesichtspunkten bestehende Prozesse des Unternehmens näher zu analysieren sind und wo Umgestaltungsmaßnahmen ansetzen können. Sie erlauben es nicht, direkt operationale Beurteilungskriterien im Hinblick auf die Kostenwirkungen von Prozessumgestaltungsmaßnahmen abzuleiten. So ist beispielsweise kein direkter Zusammenhang zwischen der

Anzahl von Prozessbeteiligten sowie der Eindeutigkeit der Verantwortlichkeit für einen Prozess und seinen Kosten herzustellen. Demzufolge lassen sich keine gesicherten Aussagen darüber machen, inwieweit Kosten reduziert werden können, wenn beispielsweise die Zahl der Prozessverantwortlichen reduziert wird. Dennoch soll den folgenden Ausführungen die These zugrunde gelegt werden, dass eine weit betriebene Spezialisierung im Unternehmen Schnittstellen schafft, die das Leistungsergebnis im Vergleich zu einer ganzheitlichen Betrachtung eines Prozesses verschlechtern. Die genannten Gestaltungsempfehlungen werden hier deshalb zunächst als übergeordnete Gestaltungshinweise genutzt.

2.3.2 Interne Prozessverbesserungen

Prozessverbesserungen innerhalb einer Abteilung

Potenzial für Prozessverbesserungen und damit Kostensenkungspotenzial wird entsprechend der zugrunde liegenden These mit steigender funktionaler Arbeitsteilung innerhalb der Abteilung zunehmen. Dadurch entstehen Prozessschnittstellen, die Abstimmungen zwischen den einzelnen funktionalen Bereichen bedingen.

Möglichkeiten zu Prozessverbesserungen innerhalb einer Abteilung müssen an den Ergebnissen einer detaillierten → **Prozessanalyse** sowie an Bewertungsansätzen anknüpfen.

Wird die (übertriebene) Spezialisierung als einer der Haupteinflussfaktoren für die Kostenentstehung bzw. das Prozessleistungsergebnis betrachtet, kann ein Perspektivenwechsel von der Betriebssicht hin zur Kundensicht Aufschlüsse über Prozessschwachstellen geben. Hierbei kann z.B. deutlich werden, dass die in einer Abteilung vorgenommene Arbeitsteilung für den Kunden nicht nachvollziehbar ist und für ihn zu einer umständlichen Abfolge des Vorganges führen kann.

Die Dauer der Durchführung eines Prozesses setzt sich zusammen aus Wartezeiten und Aktivitäten. Wartezeiten stellen zunächst unproduktive Zeiten dar, die zu minimieren sind. Sie entstehen durch Kapazitätsengpässe. Die Unternehmensleitung sollte im Rahmen einer Ist-Analyse ermitteln, wann, wo, aus welchem Grund, welche Wartezeiten auftreten. Dabei ist zu unterscheiden zwischen dauerhaften und lediglich zeitweilig auftretenden Wartezeiten.

Bei dauerhaften Wartezeiten sind entweder weitere Kapazitäten aufzubauen, oder der Output bereitgestellter Kapazität ist zu erhöhen. Der Output vorhandener Kapazitäten kann jedoch evtl. durch (kostenneutrale) Prozessumgestaltungsmaßnahmen gesteigert werden.

Kapazitätsplanungen an einzelnen Stellen haben unmittelbare Auswirkungen auf weitere Prozesse, so dass ein Unternehmen nur diejenigen Bereiche näher untersuchen sollte, die tatsächlich innerhalb des gegebenen Zeithorizontes beeinflussbar sind. Ausgangspunkt der Planung muss dann der im Unternehmen isolierte Engpass sein.

> **Praxishinweis**
> Minimieren Sie Wartezeiten im Prozessablauf; sie leisten keinen Beitrag zur Produktivität. Gehen Sie dabei von dem isolierten Engpass aus und versuchen Sie diesen durch Prozessumgestaltung zu beseitigen.

Prozessverbesserungen sind durch organisatorische und technische Maßnahmen zu erzielen. Zu nennen ist beispielsweise der innerbetriebliche Transport von Sachmitteln. Entscheidende Möglichkeiten zur Prozessverbesserung in den Abteilungen sind durch neue Möglichkeiten der Datenerfassung und -weitergabe eröffnet worden.

Prozessverbesserungen zwischen Abteilung und Verwaltung

Die Trennung zwischen Abteilungen und der zentralen Verwaltung bedingt zunächst interne, Kosten beeinflussende Schnittstellen im Unternehmen, die durch Entscheidungen bzw. Spezialisierung entstanden sind. Eine eingehende Analyse der zwischen diesen Prozesserstellern ablaufenden Prozesse im Hinblick auf ihre Effizienz kann damit Kostensenkungspotenzial offenbaren. Das Ausmaß des Prozessverbesserungspotenzials zwischen Abteilung und zentraler Verwaltung wird unmittelbar von der Intensität der Zusammenarbeit bzw. der Abhängigkeit und Aufgabenverteilung zwischen Abteilung und zentraler Verwaltung bestimmt.

Das Ausmaß der Prozessübernahme zwischen Abteilung und zentraler Verwaltung wird durch die gewählte Aufteilung der Entscheidungsaufgaben zwischen Abteilung und zentraler Verwaltung, d.h. dem zu wählenden Zentralisierungs- bzw. Dezentralisierungsgrad bestimmt.

In einem Extrem (= Zentralisation) werden alle Arbeiten zentralseitig erledigt, bis auf diejenigen Tätigkeiten, die nur in der Abteilung ausgeführt werden können. Bei völliger Dezentralisierung arbeitet jede Abteilung selbständig. Spezialisierungsvorteile und Synergieeffekte werden nicht genutzt.

Das Ausmaß der Prozessübernahme der Abteilung sinkt mit der zunehmenden Standardisierung des Leistungsprogramms. Damit nimmt auch der Abstimmungsbedarf ab, so dass im Hinblick auf die Prozessgestaltungsanforderungen Kontrollen und Zuständigkeiten für einen Prozess und Schnittstellen reduziert werden. Inwieweit damit jedoch tatsächlich Kosteneinsparungen zu realisieren sind, bleibt im Einzelfall zu prüfen.

Beide Strategien sind in „Reinform" nicht zu finden, sondern können in Unternehmen z.B. nach Entscheidungsfunktionen, Leistungsprogramm, Rechtsform oder auch Betriebsart differieren.

Eine weit verbreitete funktionale Arbeitsteilung zwischen zentraler Verwaltung und den Abteilungen sieht vor, dass die Mehrzahl der verwaltenden Prozesse auf der Zentralebene, kundenbezogene Prozesse und die Disposition dieser Prozesse in den Abteilungen durchgeführt werden.

Diese Form der Arbeitsteilung bedingt, dass Informationen zwischen der zentralen Verwaltung und den Abteilungen gesteuert werden müssen. Im Hinblick auf die zu steigernde Prozesseffizienz bedeutet dies, dass zunächst eine detaillierte vertikale Analyse der horizontalen Leistungsprozesse erfolgen muss. Anschließend sind die Prozesse im Hinblick auf die bereits abgeleiteten Gestaltungsanforderungen zu untersuchen. Ansatzpunkte zur Identifikation von Kostensenkungspotenzialen ergeben sich insbesondere bei allen Arten von Kontrollen sowie allgemein bei identifizierten Doppelarbeiten.

Praxishinweis
Möglichkeiten zur Kostensenkung ergeben sich insbesondere bei allen Arten von Kontrollen und Doppelarbeiten.

Die Frage, inwieweit Spezialisierungen insbesondere bei Verwaltungsprozessen und dadurch entstehende Schnittstellen Kosten verursachen, die über dem Nutzen der Spezialisierung liegen, ist nur am Einzelfall klärbar. Das Ergebnis des Vergleichs ist von der wahrgenommenen Standardisierbarkeit der Prozesse in den Abteilungen abhängig. Je höher die Standardisierung ist, desto zweckmäßiger erscheint es, Prozesse zentralseitig zu erbringen. Dann sind Synergien und Spezialwissen nutzbar. Problematisch ist die quantitative Überprüfbarkeit der Vermutung. Da kein direkter Vergleich der Systeme innerhalb eines Unternehmens möglich ist, könnten die erforderlichen Daten im Rahmen eines Benchmarking-Projektes ermittelbar sein.

Praxishinweis
Über die Standardisierung von Prozessen ergeben sich Synergieeffekte und Spezialwissen kann effizient eingesetzt werden, was in der Regel zu absoluten und/oder relativen Kostensenkungen führt.

Die vorgestellten Maßnahmen zur Prozessverbesserung zwischen den Abteilungen und der zentralen Verwaltung stellen lediglich einen Ausschnitt der vielfältigen Möglichkeiten dar, Prozessabläufe effizienter zu gestalten. Insbesondere wurden wichtige Fragen der Verbesserung der Logistik nicht näher thematisiert. Da sich wesentliche logistische Verbesserungen erst durch eine Zusammenarbeit mit den Lieferanten erzielen lassen, sind sie im Rahmen der externen Prozessorganisation aufzugreifen.

Prozessverbesserungen zwischen Abteilungen

Es sind Maßnahmen zu Prozessverbesserungen denkbar, die in erster Linie durch eine gemeinschaftliche Prozesserstellung bzw. gemeinschaftliche Nutzung von Kapazitäten zur Prozesserstellung entstehen. Hierbei ist z.B. ein Austausch von Mitarbeitern zwischen den Abteilungen denkbar, so dass für Krankheits- und Urlaubsfälle geringere Kapazitäten aufgebaut werden müssen. Auch ist eine gemeinschaftliche Nutzung von Spezialisten oder Spezialgeräten möglich, die ansonsten nicht wirtschaftlich einsetzbar wären.

2.3.3 Prozessverbesserungen durch externe Integration

Während die innerbetriebliche Ökonomisierung nur den eigenen Betrieb und dessen Verbesserung im Auge hat, zielt die überbetriebliche Ökonomisierung auf eine gemeinwirtschaftliche Verbesserung des Leistungsaustausches. Geht man davon aus, dass ein erheblicher Teil der Kosten eines Unternehmens durch Schnittstellen mit Kunden, Lieferanten und Dienstleistern bedingt ist, ist das Potenzial von Kostensenkungen durch innerbetriebliche Ökonomisierungen beschränkt. Ein erhebliches Rationalisierungspotenzial kann sich aber durch die Zusammenarbeit mit den restlichen Teilnehmern der Wertkette erschließen. In erster Linie geht es darum, die Schnittstellen zwischen den einzelnen am Wertschöpfungsprozess beteiligten Institutionen möglichst effizient zu überwinden und eine Prozessverteilung zu finden, die für die Gesamtprozessherstellung kostengünstiger ist.

Für Unternehmen kommen als Ansprechpartner externer Integrationsmaßnahmen grundsätzlich alle Institutionen in Frage, mit denen Austauschbeziehungen bestehen. Eine Gruppe stellen die Lieferanten bzw. Hersteller von Sachmitteln dar. Da die Anzahl der Austauschprozesse relativ groß ist, kann ein großes Einsparvolumen vermutet werden. Des Weiteren spielen Dienstleistungsunternehmen immer dann eine bedeutende Rolle, wenn die Leistungstiefe des Unternehmens abnimmt, bzw. eine Vielzahl von Leistungen aus dem Unternehmen auf rechtlich selbständige Dienstleister ausgelagert wird.

Prozessintegration mit Lieferanten

Wie auch bei den Entscheidungsalternativen zur Ausgliederung von Prozessen an Kunden oder Dienstleister setzen Überlegungen zur Integration von Prozessen zunächst eine aktuelle Analyse der Ist-Prozessverteilung zwischen dem Unternehmen und seinen Lieferanten voraus.

Aufbauend auf dieser aktuellen Prozessverteilung wird nun jedoch eine Prozessabgrenzung bzw. Aggregation vollzogen, die von bestehenden Zuständigkeitsgrenzen abstrahiert. Abweichend von einer einzelbetrieblichen Betrachtungsebene wird im Rahmen von Integrationsbemühungen versucht, den Gesamtprozess zwischen Lieferant/Hersteller und Unternehmen aus einer überbetrieblichen Perspektive zu analysieren, um so Prozessverbesserungspotenzial zu identifizieren, das nur in Zusammenarbeit mit den Partnern erreicht werden kann.

Ein umfassendes Prozessintegrationsprojekt zwischen Herstellern/Lieferanten und Abnehmer stellt der „Efficient Consumer Response (ECR)"-Ansatz dar. ECR versteht sich als Reengineering-Ansatz zur Erhöhung der Wertschöpfung von Herstellern und Abnehmern. Ziel ist es, alle Kosten innerhalb der Absatzkette vom Produzenten bis zum Konsumenten zu beseitigen, die keine Wertschöpfung für den Konsumenten erbringen. Dazu werden so genannte „Win-Win-Maßnahmen" identifiziert, d.h. Einsparungsmöglichkeiten, die Herstellern und deren Partner gleichermaßen Vorteile bringen, ohne einseitig Kosten auf die jeweiligen Distributionspartner abzuwälzen.

Das zentrale Problemfeld beim Austausch zwischen Hersteller/Lieferant und Abnehmerbetrieb ist der Problemanalyse zufolge ein fehlender Informationsaustausch (durch mangelnde Kommunikation), der eine – im Hinblick auf die Gesamtoptimierung erforderliche – Koordination der Aktivitäten verhindert. Dadurch entstehen Doppelarbeiten, Kontrollkosten und Mehrfachzuständigkeiten, die den Gestaltungsanforderungen an Prozesse widersprechen. Das Grundelement von ECR ist demzufolge ein zeitnaher, genauer und papierloser Informationsprozess, der die Voraussetzung für einen darauf abgestimmten kontinuierlichen Warenprozess bildet und mit dem die Problemprozessgruppen integriert werden können.

Arbeiten die Wertkettenpartner mit gleichen Standards, so ist ein weitgehend papierloser Datenaustausch möglich. Im Hersteller-/Lieferanten- wie im Abnehmerbetrieb entfallen manuelle Arbeitsschritte wie das Öffnen, Sortieren und Stempeln der Post oder die laufende Eingabe der Daten in die hauseigene EDV.

Das einsparbare Kostenvolumen muss mittels einer Prozesskostenrechnung auf Basis einer analytischen Kostenplanung ermittelt werden. Um entscheidungsrelevante Daten zu erhalten, ist auf die Abbaubarkeit bzw. die Bindungsfristen der an den Prozessen beteiligten Potenziale zu achten. Es werden damit nicht nur die direkten Kosten der Kommunikationsprozesse gesenkt; es verändern sich auch die organisatorischen Abläufe und die Anforderungen an Umfang und Qualifikation des Personals. Die Zahl der Personen, die mit der Verwaltung und Bearbeitung von Informationen beschäftigt ist, sinkt, während gleichzeitig die Zahl qualifizierter EDV-Fachkräfte steigen wird.

Konkrete Kosteneinsparungsbeiträge bzw. Kosten-Nutzenanalysen der Maßnahmen setzen voraus, dass die an dem Projekt teilnehmenden Partner die Kosten ihrer Waren- und Informationsflusskette kennen und offen legen. Sind die Kostentreiber der Prozesse auf beiden Seiten bekannt, ist neben der Abstimmung der Kommunikationssysteme eine Simulation alternativer Prozessausgestaltungsmöglichkeiten erforderlich. Auf dieser Ebene werden die unterschiedlichen Handlungsalternativen der Partner auf ihre Auswirkungen hinsichtlich der Gesamtprozesskosten überprüft. Mit zunehmender Anzahl an Lieferanten sowie zunehmender Komplexität der Struktur des beschaffenden Betriebes steigt die Komplexität des Entscheidungsproblems.

Wertschöpfungspartnerschaften verlangen die Verstetigung und Verfestigung der Beziehungen zwischen Herstellern/Lieferanten und den Abnehmerbetrieben. Das gegenseitige Abhängigkeitsverhältnis wird durch die gegenseitige Anpassung an technische Standards und die mit den Rationalisierungen einhergehenden Investitionen verstärkt. Je nach der Höhe der erforderlichen Investitionen kann es zu einer Verringerung der Lieferantenzahl kommen, da evtl. kleinere Lieferanten den Anforderungen der Kooperation nicht gerecht werden können und zwangsweise aus dem Markt ausscheiden. Eine geringere Zahl von Lieferanten führt zu sinkenden Abstimmungsproblemen und geringeren Datenschutzproblemen der verbleibenden Partner.

Wertschöpfungspartnerschaften mit Lieferanten bieten große Kostensenkungspotenziale, da Doppelarbeiten, Kontrollkosten und Mehrfachzuständigkeiten mit Hilfe von gemeinsamen Standards entfallen.

Prozessintegration mit Dienstleistern

Die Möglichkeiten der Prozessauslagerung an Dienstleister zeigten bereits das Spektrum, das von Dienstleistern im Rahmen der Leistungserstellung übernommen werden kann. Steht jedoch die Frage im Mittelpunkt, welche Maßnahmen zur Effizienzsteigerung der Prozesserstellung zu ergreifen sind, rücken in erster Linie auch hier Austausch- und Koordinationsprozesse in den Vordergrund. Das größte Rationalisierungspotenzial liegt dabei vermutlich, wie auch bei den Lieferern, in der Verbesserung der Informations- und Kommunikationsprozesse zwischen den Partnern. In der Regel besteht ein hoher Austauschbedarf zwischen den am Leistungserstellungsprozess beteiligten Partnern und damit auch die Gefahr von Fehlern bzw. Ineffizienzen.

Kostensenkungen bzw. Leistungsverbesserungen sind vermutlich insbesondere durch Maßnahmen zu erzielen, die auf einem gemeinsamen Nachrichtenstand aufbauen. Damit wird ein papierloser, zeitgleicher Datenaustausch der Integrationspartner möglich. Doppelarbeiten sowie Doppelerfassungen oder Datenumformatierungen entfallen, was zu Möglichkeiten der Personalkosten-, Gerätekosten- und Raumkosteneinsparung führt.

Wie auch bei den bisher dargestellten Möglichkeiten der externen Integration ergeben sich in erster Linie Probleme der Datensicherheit. Eine externe Integration ist bei einem Online-Datenaustausch gleichbedeutend mit einem Online-Offenlegen der Kundendaten sowie fast der gesamten Geschäftssituation eines Unternehmens bei den Integrationspartnern.

> **Praxishinweis**
> Prüfen Sie, inwieweit Probleme der Datensicherheit Ihre Wettbewerbsposition negativ beeinflussen könnten.

Ein rationaler Einsatz der EDV-Technik erfordert eine Konzentration auf wenige externe Integrationspartner, da ansonsten ein hoher Datenaustausch und -abgleich erforderlich würde. Damit begibt sich ein Unternehmen in die Abhängigkeit von wenigen Integrationspartnern. Ein Wechsel der Integrationspartner ist zwar möglich, aber mit zunehmender Zahl der Austauschbeziehungen häufig mit hohen Transaktionskosten verbunden.

Prozessintegration mit Wettbewerbern

Die Möglichkeit der Prozessintegration mit Wettbewerbern ist eine sehr problembeladene externe Integrationsmaßnahme. Anders als bei den bisher vorgestellten Integrationspartnern handelt es sich bei den Wettbewerbern meist nicht um Partner, sondern um Konkurrenten. Insbesondere in den Fällen, in denen eine direkte Konkurrenzsituation vorliegt bzw. von den

Unternehmen als solche empfunden wird, besteht die Tendenz zur Abschottung, um keine Wettbewerbsvorteile an die Konkurrenz zu verlieren. Prozesse mit strategischer Bedeutung sind demzufolge meist von Integrationsbemühungen ausgeschlossen. Folglich entstehen in dieser Beziehung zunächst keine bzw. kaum Schnittstellenprobleme aus bestehenden Beziehungen, die auf Ineffizienzen hindeuten und durch eine Prozessintegration abgebaut werden könnten. Die große Zahl von Prozessen, die gleichförmig oder zumindest ähnlich in Unternehmen zu vollziehen sind, lassen vermuten, dass eine gemeinschaftliche Erstellung bzw. Integration dieser Prozesse Kostensenkungspotenzial erschließen könnte.

Kosteneinsparungen durch gemeinschaftliche Prozesserstellung können auf drei Ebenen erzielt werden:

- Mit Hilfe einer **Faktorfusion**, z.B. durch den gemeinschaftlichen Aufbau und die Nutzung von Informationssystemen oder durch räumliche Zusammenfassung von Einrichtungen.
- Mit Hilfe eines **Faktoraustausches**, z.B. den Austausch von Daten oder Personal.
- Mit Hilfe einer **Faktorkoordination**, z.B. durch die Abstimmung von Informationsprozessen.

Die Integrationsformen unterscheiden sich im Hinblick auf die Intensität ihrer Verknüpfung.

Die → **Faktorfusion** stellt die stärkste Form der Verbindung zwischen Wettbewerbern dar. Die daraus resultierenden Zusammenführungssynergien vermeiden Doppelarbeiten bzw. ermöglichen eine bessere Auslastung ansonsten einzelbetrieblich aufzubauender Kapazitäten.

Möglichkeiten zu Faktorfusionen von Unternehmen ergeben sich insbesondere bei allen Prozessen, bei denen die direkte Konkurrenz um Kunden nicht intensiv ist. Beispielhaft zu nennen sind hier insbesondere gemeinschaftlicher Aufbau und Nutzung von logistischen Einrichtungen. Dadurch könnte eine bessere Auslastung der Geräte- und Raumkapazitäten erreicht werden. Damit könnten zugleich Kosteneinsparungen für das einzelne Unternehmen bei einer evtl. verbesserten Versorgung der Kunden realisiert werden. Tendenziell lässt sich vermuten, dass das Einsparvolumen umso größer sein wird, desto weniger es einem Unternehmen gelingt, eigene logistische Kapazitäten vollständig auszulasten.

Für das angeschlossene Unternehmen ergeben sich auch bei einer absoluten Kostensenkung keine Wettbewerbsvorteile gegenüber den Partnern der Faktorfusion. Das Konzept der Faktorfusion könnte jedoch insgesamt zu einer Kostenreduzierung der Unternehmen beitragen. Ein Problemfaktor von Faktorfusionen besteht in einem Verlust an Flexibilität für das einzelne Unternehmen, was jedoch kaum in Kostengrößen ausgedrückt werden kann.

Eine Faktorfusion ist der gemeinschaftliche Aufbau und die Nutzung von Ressourcen, beispielsweise der gemeinsame Aufbau von logistischen Kapazitäten und deren gemeinschaftliche Nutzung.

Bei einem → **Faktoraustausch** besteht die Prozessverbindung lediglich über „Kanäle“; die Selbständigkeit der Integrationsobjekte bleibt vollständig erhalten. Innerhalb der Kanäle führen ein- oder zweiseitige Austauschprozesse zu Transfersynergien.

Zwischen den Unternehmen sind inhaltlich beispielsweise Know-how, Technologien oder Personal austauschbar. Diese Austauschmaßnahmen können immer dann zu (relativen) Kostenreduzierungen führen, wenn dadurch eine höhere Kapazitätsauslastung erzielt werden kann.

Das Ausmaß der durch Faktoraustausch erzielbaren Kostenreduzierungen dürfte relativ gering sein. Durch Maßnahmen des Faktoraustausches ergeben sich zwar langfristig Kompetenz- und Leistungsfähigkeitszuwächse sowie Kostenreduzierungen, denen jedoch die neu entstehenden Kommunikations- und Abstimmungskosten gegenüberzustellen sind.

Eine → **Faktorkoordination** und damit erzielbare Koordinationssynergien sind die schwächste Form der Integration externer Prozesse. Hierbei versuchen die Unternehmen, die Integrationsobjekte auf eine gemeinsame Größe auszurichten. Als Beispiele zu nennen sind Abstimmungen bezüglich der Gerätekapazität sowie des Leistungsprogramms. Die Teilnahme an diesen Abstimmungsmaßnahmen hat unmittelbare Auswirkungen auf interne Prozessgestaltungsmöglichkeiten.

Ein abgestimmtes Verhalten der Unternehmen führt immer dann zu Effizienzsteigerungen, wenn dadurch der Faktoreinsatz oder der Preis der eingesetzten Faktoren reduziert wird.

Prozessintegration mit Kunden

Wie auch bei den vorhergehenden Ausführungen ergeben sich hier wiederum Abgrenzungsprobleme zu den Prozessausgliederungsmaßnahmen an Kunden, wobei an dieser Stelle jedoch das Kriterium der Zusammenarbeit zwischen Kunde und Unternehmen deutlicher betont werden soll. Anregungen zu Möglichkeiten gemeinschaftlicher Prozesserstellung bieten Kooperationen zwischen Kunden und Unternehmen mit der Zielsetzung, festgestellte Mängel des Unternehmens zu beheben. Innerhalb dieser Kooperation können Gremien gebildet werden, die eine Beteiligung von Kunden an Unternehmensprozessen vorsehen.

Entscheidendes Prozessverbesserungspotenzial an der Schnittstelle zwischen Unternehmen und Kunde ergibt sich bei allen Prozessen, bei denen der Kunde in direkten Kontakt zum Unternehmen tritt. Prozessverbesserungen durch eine externe Integration mit Kunden können zunächst durch eine gemeinschaftlich mit dem Unternehmen durchgeführten Analyse aller kundenrelevanter Prozesse erzielt werden. Eine Möglichkeit besteht darin, Kunden in den Prozess der vertikalen Analyse einzubeziehen und damit einen Perspektivenwechsel hin zum Kunden vorzunehmen. Neben der reinen Darstellung des Ist-Zustandes kann die Zusammenarbeit mit Kunden auch für die Erarbeitung konkreter Verbesserungsvorschläge zur Prozessgestaltung genutzt werden. Die Realisierung von Vorschlägen wird dabei vornehmlich die Prozessdimensionen der Zeit und Qualität verändern, so dass bei vorausgesetzten konstanten Kosten die relativen Kosten der Leistungsprozesserstellung sinken können. Es besteht jedoch auch die Möglichkeit, Kosten absolut zu senken, falls Ineffizienzen der Prozesserstellung aufgedeckt werden bzw. Kundenbefragungen ein aktuelles Prozessniveau ergeben, welches über den Ansprüchen der Kunden liegt. In diesem Zusammenhang sind jedoch die Wirkungen auf das Qualitätsniveau zu prüfen.

Ähnliche Informationen zu Prozessverbesserungen sind über von Unternehmen organisierte Kundenrunden oder Betriebsbesichtigungen zu erzielen. Anders als bei institutionalisierten Ausschüssen handelt es sich hier um Gruppen mit wechselnden Teilnehmern, die zu jeweils unterschiedlichen Themen Stellung beziehen. Zur Durchführung der Maßnahmen sind zumindest Mitarbeiterkapazitäten zur Betreuung der Kunden bereitzustellen. Neben einer Verbesserung der Informationsbasis des Unternehmens stellen diese Maßnahmen auch eine Möglichkeit zur Kundenbindung dar.

Die Zusammenarbeit mit Kunden ist im Gegensatz zu Kooperationen mit Lieferanten, Wettbewerbern oder Dienstleistern meist deutlich problemloser, da Zielkonflikte zwischen den Kunden, die sich aus Verteilungskämpfen um Macht und Wertschöpfung ergeben, nicht vorhanden oder zumindest weniger ausgeprägt sind.

Kunden-Audits bieten im Rahmen von Qualitätssicherungsmaßnahmen die Möglichkeit, Kundenwissen für eigene unternehmenspolitische Zwecke zu nutzen.

Des Weiteren kann ein systematisches Beschwerdemanagement als Maßnahme zur Kundenprozessintegration verstanden werden. Hier werden Beschwerdeinformationen des Kunden systematisch bearbeitet und für Prozessverbesserungen genutzt.

2.3.4 Effizienzbeeinflussung durch Prozessinnovationen

Prozessinnovationen sind die für ein Unternehmen am schwierigsten einzuschätzende Maßnahmen, da keine oder nur wenige Daten zur Beurteilung der Wirkungen zur Verfügung stehen. Hier kann nur auf controllingorientierte Instrumente zurückgegriffen werden, deren Bewertung der subjektiven Sicht der Entscheider unterworfen ist.

Prozessinnovationen können aus der Sicht des Unternehmens in Ablösungsinnovationen und „Echte Innovationen" voneinander unterschieden werden:

- **Ablösungsinnovationen** des Unternehmens entstehen durch neuartige Faktorkombinationsprozesse, die auch weiterhin die bestehenden Funktionen des Unternehmens erfüllen. Sie können z.B. veraltete Leistungserstellungssysteme ablösen. Eine Ablösungsinnovation kann z.B. durch Präferenz- oder Einstellungsveränderungen der Kunden notwendig werden. Ansatzpunkte sind beispielsweise neue Servicekonzepte oder neue Formen der Leistungserstellung.
- **„Echte Innovationen"** oder auch **Durchbruchinnovationen** verknüpfen demgegenüber neue Faktorkombinationsprozesse mit neuen, bisher nicht gekannten Leistungsfunktionen. Damit werden Bedürfnisse der Kunden, die zuvor aufgrund der nicht vorhandenen technischen Möglichkeiten nicht befriedigt werden konnten, befriedigt. Aus der Sicht des Unternehmens ist eine Durchbruchinnovation gleichzeitig auch immer eine Diversifikation, da damit immer eine Erweiterung oder Vertiefung des Leistungsangebotes verbunden ist.

Beide Innovationstypen werden aus dem Blickwinkel des Kunden eines Unternehmens betrachtet, so dass Prozessveränderungen innerhalb des Unternehmens, die nach außen nicht sichtbar werden, keine Innovationen im oben genannten Sinn darstellen. Hier sind Veränderungen der Kommunikation zwischen Kunden und Unternehmen zu nennen, soweit davon nicht auch die Leistungsseite beeinflusst wird.

Aus der Sicht der Kunden ist die Grenze, ab der eine Variation des Leistungsprogramms lediglich zu einer Variation (durch Ablösungsinnovation) oder aber zu einer (echten) Innovation führt, fließend.

Eine Abgrenzung der (echten) Innovation von der Ablösungsinnovation kann mit Hilfe des Begriffs der „objektiven Beschaffenheitskomponente" der Leistung vorgenommen werden. Weichen die objektiven Eigenschaften einer Leistung von bereits existierenden Leistungen ab, handelt es sich um eine echte Innovation. Die „subjektive Beschaffenheitskomponente" der Leistung spiegelt dagegen die subjektiv wahrgenommenen Eigenschaften aus Kundensicht wider. Eine Veränderung der Leistung in den Augen der Kunden ermöglicht zwar eine Abhebung von ähnlichen Leistungen anderer Unternehmen, es muss sich dabei jedoch nicht um eine echte Innovation handeln. Diese Unterscheidung suggeriert, dass es immer eindeutig möglich ist, eine objektive Leistungsbeschaffenheit zu bestimmen. Die dabei auftretenden Bewertungsprobleme sind allerdings weitgehend denen der Bewertung von Leistungsergebnissen gleichzusetzen.

Die Zielsetzung echter Innovationen besteht in erster Linie in der Identifizierung von neuem Leistungspotenzial und damit neuem Kundenpotenzial und ist somit eher auf die Leistungsseite des Unternehmens gerichtet. Das Abgrenzungsproblem zu den Prozessverbesserungen kann nur aus dem Blickwinkel eines bestimmten Unternehmens geklärt werden. Für das einzelne Unternehmen könnte dann die Notwendigkeit, neue Kapazitäten nach Art und Umfang aufzubauen, ein Indikator für die Neuigkeit des Prozesses sein.

Da der Kunde hauptsächlich die Endkombinationsphase der Leistungserstellung beurteilt, besteht hier ein wesentlicher Ansatzpunkt zur Entwicklung innovativer Leistungsbündel. Gleichzeitig bestimmt die Art der Leistungserstellung einen wesentlichen Kostenblock im Unternehmen, so dass hier ein Rationalisierungspotenzial zu vermuten ist.

Inwieweit ein Unternehmen tatsächlich absolute Kostensenkungen realisieren kann, ist jedoch von der Verbreitung der technischen Voraussetzungen abhängig, sowohl im Unternehmen als auch bei den Kunden und damit der Auslastung der Systeme. Tendenziell gilt, dass sich echte Neuheiten gerade in Anfangsphasen nicht durch preisgünstige Lösungen auszeichnen, da eine „Massenproduktion" noch nicht möglich ist.

Abschließend bleibt festzuhalten, dass häufig nur Prozessinnovationen drastische Veränderungen der Kostenstrukturen und des Kostenniveaus ermöglichen, da bei gegebenen Unternehmenskonzepten ein Großteil der entstehenden Kosten bereits vordeterminiert ist. Prozessinnovationen erfordern jedoch ein radikales Infragestellen bisher erstellter Leistungen und Strukturen sowie die Bereitschaft, vollkommen andere Leistungskonzepte anzubieten. Daneben müssen bestehende Kapazitäten der alten Konzepte abbaubar sein. Insgesamt muss eine Unternehmenskultur vorausgesetzt werden, die zu Innovationen bereit und in der Lage ist.

2.4 Wie könnte ein Prozessmanagementprojekt ablaufen?

Ein Projekt zur Durchführung eines Prozessmanagements könnte wie folgt ablaufen:

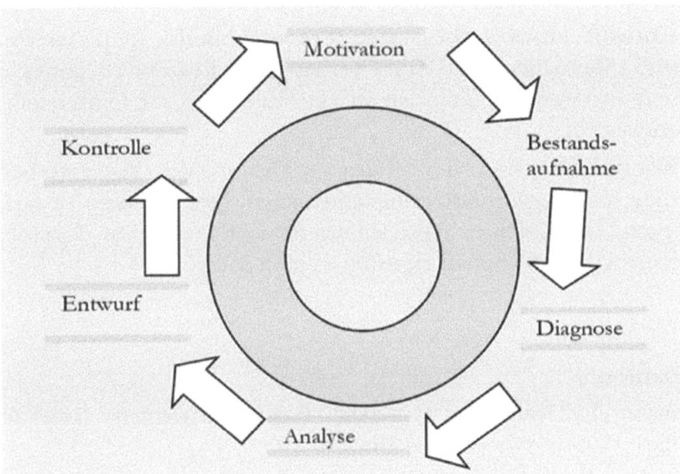

Abb. 6: Ablauf eines Prozessmanagementprojektes

In den oben genannten Phasen der Durchführung eines Prozessmanagementprojektes sind die folgenden Fragestellungen zu klären:

- **Motivation**: Ziele und Erwartungen an das Projekt sind in dieser Phase zu klären und zu kommunizieren. In dieser Phase können Ziele nur allgemein umschrieben werden; Konkretisierungen sind im Verlauf des Projekts vorzunehmen.

- **Bestandsaufnahme**: Welche Prozesse sind für das Unternehmen von besonderer Bedeutung, und welche Prozesse sollen in dem aktuellen Projekt verbessert werden.
- **Diagnose**: In dieser Phase sind der derzeit gültige Ablauf, die Zuständigkeiten sowie die Informationsstrukturen zu dokumentieren. Es ist ein Prozessmodell zu erstellen sowie die Prozessperformance im Vergleich zu den gesetzten Zielen zu messen.
- **Analyse der Abweichungen von Zielwerten**: Auf der Grundlage der Diagnose wird untersucht, in welchen Punkten die aktuellen Prozesse den Anforderungen des Unternehmens nicht gerecht werden. Es sind die Ursachen der Schwachstellen mit Hilfe von Ursache-Wirkungs-Analysen aufzudecken und abzustellen.
- **Entwurf eines verbesserten Prozessablaufs**: In dieser Phase sind Alternativen für einen verbesserten Prozess zu entwickeln und zu bewerten. Zugleich ist ein Stufenplan zur Umsetzung zu entwickeln.
- **Kontrolle**: Es sind Kennziffern zur Messung der Prozessverbesserung festzulegen und zu implementieren. Des Weiteren ist festzulegen, bei welchen Abweichungen vom erwarteten Fortschritt Korrekturmaßnahmen ergriffen werden sollen.

Literaturtipps

Füermann, T./Dammasch, C. (2008): Prozessmanagement. Anleitung zur ständigen Prozessverbesserung, München.

Posluschny, Peter (2007): Prozessorientiertes Kostenmanagement in Krankenhausbetrieben, Mannheim.

Posluschny, P./Treuner, F. (2009): Prozesskostenmanagement. Instrumente und Anwendungen, München, Wien.

Kapitel 3
Wertschöpfungsdiagramme

3.1 Wie grenzen Sie geeignete Prozesse ab?

Prozesse können innerhalb und zwischen Unternehmen ablaufen. Dieses Charakteristikum bedingt, dass Prozesse ein Unternehmen sowohl vertikal als auch horizontal durchlaufen und demzufolge auch in diesen Dimensionen aufzulösen sind.

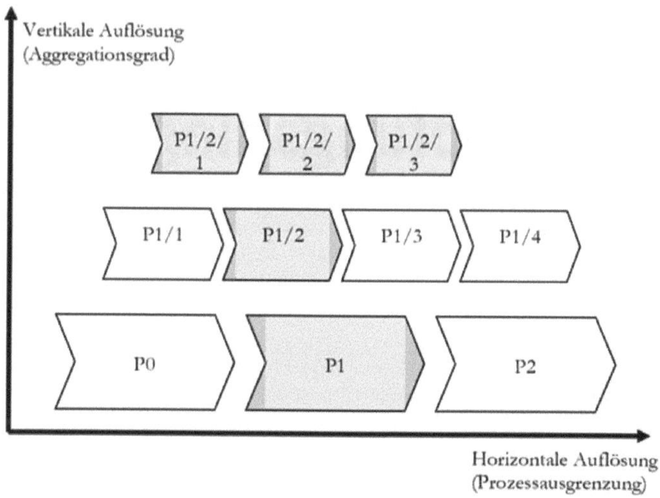

Abb. 7: Horizontale und vertikale Prozessauflösung

Im Rahmen der horizontalen Auflösung werden inhaltlich abgeschlossene Erfüllungsvorgänge, die in einem inneren logischen Zusammenhang stehen, als Prozess definiert.

Was im Rahmen der Prozessabgrenzung aus der Vielzahl möglicher bzw. tatsächlicher Erfüllungsvorgänge als Prozess definiert wird und wie das Prozessende bestimmt ist, ist davon abhängig, welche Ziele und Interessen mit der Analyse verfolgt werden. Anfang und Ende eines Prozesses sind nicht gesetzmäßig bestimmt, sondern werden allein durch die Entscheidungsträger gewählt, die einen Prozess von vor-, neben- oder nachgeordneten Vollzugselementen isolieren wollen.

Aktivitäten, die in einem logischen Zusammenhang stehen und aus denen abgeschlossene Erfüllungsvorgänge resultieren, werden in der

horizontalen Auflösung als Prozesse bezeichnet. Prozessanfang und -ende werden von den Zielen und Interessen der Entscheidungsträger determiniert.

Anhaltspunkte für die Prozessabgrenzung können betriebliche Aufgaben bieten, die – als Folge von Organisationsentscheidungen – im Unternehmen häufig in eigenständigen Organisationseinheiten wieder zu finden sind. Dabei besteht jedoch die Gefahr, dass organisationseinheitenübergreifende Prozesse künstlich getrennt werden und der große Vorteil der prozessualen Betrachtungsweise damit verloren geht.

Es ist darauf zu achten, dass in jedem Prozess nur eine Objektart bearbeitet wird, da die Bearbeitungsobjekte die Basis für die Messung der Prozessleistung und die Steuerung des Prozesses bilden. Eine Konzentration auf eine Objektart je Prozess ist notwendig, um eine eindeutige Messung und Steuerung der Bearbeitungsobjekte erreichen zu können. Prozessergebnisse ergeben sich aus der Bearbeitung eines Objektes. Der Durchfluss eines Prozesses hängt entscheidend von der Zahl der gleichzeitig bearbeiteten Objekte ab. Die Bearbeitungsobjekte sind in der Weise in den Prozess einzusteuern, dass keine Überlast besteht. Um dies zu erreichen, muss diese Einsteuerung unmittelbar von der Prozessgeschwindigkeit abhängen (Action in Process AIP-Steuerung).

Praxishinweis
Achten Sie darauf, dass in jedem Prozess nur eine Objektart bearbeitet wird, da nur so eine eindeutige Messung und Steuerung der Bearbeitungsobjekte möglich ist.

Durch die vertikale Prozessauflösung, auch als **Prozessanalyse** (im engen Sinne) bezeichnet, werden die einzelnen voneinander abgegrenzten Prozesse in → **Teilprozesse** (Subprozesse) zerlegt. Diese können nochmals aufgegliedert werden, so dass als Ergebnis der Analyse eine Prozesshierarchie entsteht. Die unterste Ebene der Hierarchie bilden die einzelnen Teilaktivitäten bzw. Arbeitsschritte, die nicht mehr sinnvoll weiter zerlegt werden können.

Als Prozessanalyse wird die vertikale Auflösung der horizontalen Prozesse in Teilprozesse bis hin zu Arbeitsschritten bezeichnet.

Wie tief und detailliert die Prozesshierarchie abgebildet werden muss, ist von den gewählten Gliederungskriterien bzw. von den mit der Analyse verfolgten Zielen abhängig. Je höher allerdings die vertikale Auflösung betrieben wird, desto geringer wird das Verständnis für die Funktionsweise des Gesamtprozesses und desto größer ist die Gefahr, dass einzelne Prozesse aufgrund des zu hohen Analyseaufwandes nicht untersucht werden. Letztlich muss die Entscheidung über die vertikale Auflösung aus einem Kompromiss bezüglich der Wirtschaftlichkeit und der Vollständigkeit der Analyse bestehen.

In der praktischen Anwendung sind die vertikale und die horizontale Auflösung nur schwer voneinander abgrenzbar. So führt eine vermehrte vertikale Auflösung tendenziell zu einer relativen Verengung der horizontalen Perspektive und es stellt sich zunehmend das Problem, ob alle Teilaktivitäten innerhalb der Prozessgrenzen auch vollständig erfasst wurden.

Auch ist mit den dargestellten Schritten zunächst nur indirekt eine Aussage über die Reihenfolge der horizontalen Prozessausgrenzung und der vertikalen Prozessanalyse getroffen worden. Während die Abgrenzung von Prozessen aus der unternehmensübergreifenden Perspektive und die anschließende Analyse der **Teilprozesse** als Top-down-Ansatz bezeichnet werden kann, kann die Analyse auch auf der Ebene der einzelnen Aktivitäten ansetzen. Die Aktivitäten werden erst in einem nachfolgenden Schritt zu Teil- und dann zu Hauptprozessen zusammengefasst (→ **Bottom-up-Ansatz**).

Die Prozessanalyse kann sowohl top-down (horizontale Prozesse werden in Teilprozesse bis zu Arbeitsschritten aufgegliedert) als auch bottom-up (Inventarisierung der Arbeitsschritte und Verdichtung zu Teilprozessen und diese zu horizontalen Prozessen) durchgeführt werden.

Damit eng zusammenhängend kann eine Prozessabgrenzung und -analyse auf unterschiedlichen Konkretisierungsniveaus ansetzen. Es können zum einen tatsächlich praktizierte Tätigkeiten innerhalb einer bestehenden Organisation im Sinne einer Ist-Analyse erhoben werden. Zum anderen kann die Ausgangssituation durch völlige Unstrukturiertheit gekennzeichnet sein. Die Prozessausgrenzung ähnelt dann vielmehr einer Problemanalyse.

Ein Prozessmanagement setzt in der Regel bei einer Ist-Analyse an. Ist-Analysen streben eine strukturierte und formalisierte Dokumentation der einzelnen Arbeitsabläufe und Aktivitäten an. Eine reine Analyse faktisch bestehender Prozesse birgt allerdings die Gefahr, Zeit mit der Untersuchung von im Hinblick auf das Unternehmensziel überflüssigen Prozessen zu vergeuden.

Aus diesem Grund wird in der Managementliteratur ein Ansatz favorisiert, der eine völlig unstrukturierte Situation als Ausgangspunkt der Untersuchung wählt. Vertreter dieses Ansatzes argumentieren, dass die Analyse bestehender Prozesse Zeit verschwende, die Kreativität behindere und ein Festhalten an traditionellen Strukturen fördere.

Ausgangspunkt einer Prozessanalyse muss demzufolge eine so genannte „Nullperspektive“ sein, d.h. der Analysierende muss versuchen, sich möglichst weit von den betrieblich bestehenden Abläufen zu lösen. Die zentrale Frage dieser von Vertretern des **Reengineerings** verfolgten Ausgangsidee lautet: Wie würden wir die Geschäftsprozesse gestalten, um die Wettbewerbsfähigkeit oder die Zufriedenheit der externen Kunden in einem Ausmaß zu erhöhen, das weit über dem der Konkurrenz liegt, wenn wir eine neue Geschäftseinheit wären? Die Fragestellung zeigt bereits, dass sich das → **Reengineering** in erster Linie mit Fragen der Organisationsgestaltung beschäftigt.

Ausgangspunkt von **Reengineeringprojekten** sind Kundenbedürfnisse; darauf aufbauend beginnt die Suche nach effizienten Lösungen zur Abwicklung der notwendigen Aufgaben, d.h. aus den Kundenwünschen sollen Aufgabenziele sowie -inhalte und daraus entsprechend Vorgänge bzw. Prozesse abgeleitet werden.

Im Unterschied zu anderen Reorganisationsmaßnahmen werden Produktivitätsziele als Leitfaden der Gestaltung stark betont, so dass sich die Ergebnisse der Analysephase auch für ein Prozessmanagement nutzen lassen.

Die dahinter stehende Prämisse, dass eine widerspruchsfreie Deduktion von Prozessen aus den Kundenwünschen möglich ist, ist allerdings problematisch. Die idealtypische Vorstellung, dass Teilprozesse aus Kundenwünschen eindeutig abgeleitet werden können, muss für praktische Fragestellungen verworfen werden, da Kundenwünsche weder einheitlich, eindeutig noch statisch gleich bleibend sind. Zu beachten ist darüber hinaus, dass sich das Reengineering ausschließlich am externen Kunden orientiert, womit Prozesse, die zur Aufrechterhaltung des Betriebes dienen, nicht oder nur unzureichend erfasst werden. Eine Erweiterung der Kundenorientierung auch auf Mitarbeiter der Organisation als „interne Kunden“ ruft jedoch häufig Zielkonflikte hervor. Eine auf Mitarbeiter bezogene Kundenorientierung bedeutet zugleich eine Mitarbeiterorientierung. Mitarbeiterwünsche sind jedoch ebenso wie Kundenwünsche nicht einheitlich, eindeutig und statisch gleich bleibend. Darüber hinaus verfolgen Mitarbeiter und Kunden einer Organisation selten gleiche Interessen und Ziele. Im Reengineering-Ansatz wird dieser Konflikt durch die Priorisierung der externen Kundenorientierung gelöst.

Praxishinweis

Prozesse können nicht widerspruchsfrei aus Kundenwünschen abgeleitet werden. Leiten Sie Prozesse aus dem betrieblichen Zielsystem ab.

Auch wenn keine eindeutigen Prozesse aus Kundenbedürfnissen abgeleitet werden können, kann die Analyse durch eine bewusste Konstruktion von Aufgabenzielhierarchien und dazu erforderlichen Prozessen ersetzt werden. Das setzt einen Konsens innerhalb der Organisation im Hinblick auf unterschiedliche Interessen und auftretende Zielkonflikte und damit Entscheidungsprozesse voraus. Die „Analyse" enthält in diesem Fall zwangsläufig psychologisch-synthetische Elemente, da bereits Selektions- und Bewertungsvorgänge in die Aufgabendifferenzierung einfließen.

Praktische Erfahrungen mit dem Konzept des Reengineerings zeigen, dass die Bereitschaft zur radikalen Abkehr von bestehenden Strukturen und Prozessen gering ist. Dahinter steht die Befürchtung, dass ohne eine Analyse bestehender Strukturen auch deren Stärken verloren gehen könnten. Ist-Analysen können darüber hinaus dazu beitragen, Probleme zu verdeutlichen, die im Soll-Zustand vermieden werden könnten.

Die vorgestellten Ansätze sollen hier als sich einander ergänzende Konzepte verstanden werden, die zwei nacheinander folgende Phasen des Prozessmanagements darstellen können.

3.2 Möglichkeiten der horizontalen Prozessabgrenzung

Das wohl populärste Instrument zur Zerlegung des Gesamtsystems „Unternehmen" in Subsysteme, d.h. in inhaltlich abgeschlossene Erfüllungsvorgänge, ist die Wertschöpfungskette Porters. Daneben ist insbesondere von Unternehmensberatungen eine Reihe von Prozessmodellen entwickelt worden, die den Anspruch erheben, für alle Unternehmen einer Branche „typische" Prozesse wiederzugeben.

Die → **Wertkettenanalyse** Porters ist ein Instrument der strategischen Planung mit dem Ziel, Wettbewerbsvorteile zu identifizieren und daran anknüpfend Wettbewerbsstrategien aufzubauen. Damit ist es besonders geeignet, strategisch bedeutsame und unternehmensspezifische Leistungsprozesse zu identifizieren. Die **Wertkettenanalyse** erfüllt gleichzeitig das Ziel der Kategorisierung von Unternehmensprozessen im Hinblick auf ihre strategische Bedeutung.

Ein Wettbewerbsvorteil ist gleichzusetzen mit einer günstigen Kosten-Nutzen-Relation der Unternehmensleistung für den Abnehmer. Diese Kosten-Nutzen-Relation bezeichnet Porter als Wert. Sie spiegelt sich in dem Betrag wider, den ein Abnehmer bereit ist, für die Leistung eines Unternehmens zu zahlen. Der Wert wird durch alle betrieblichen Leistungsprozesse geschaffen, so dass eine ganzheitliche Analyse des Unternehmens notwendig ist, um ihn zu identifizieren.

Die → **Wertkette** eines Unternehmens ist eingebettet in ein System vor- und nachgelagerter Wertketten, das als Wertsystem bezeichnet wird.

Die **Wertkette** als grob strukturiertes Bild der Unternehmung ist nach dem physischen Durchlaufprinzip gegliedert, d.h. nach Stufen, die ein „Produkt" während seines Erstellungs- und Absatzprozesses durchläuft. In ihr sollten sich die Unternehmensgeschichte, die Strategie und die Methoden zur Implementierung dieser Strategie widerspiegeln.

Die Analyse verfolgt das Ziel:

- solche Tätigkeiten zu identifizieren, aus denen sich gegenüber dem Mitbewerber Abnehmervorteile im Sinne eines Zusatznutzens ergeben (Abnehmernutzenanalyse) und
- Tätigkeiten herauszustellen, die einen besonders hohen Anteil an den Kosten und damit hohen Einfluss auf die Gewinnspanne haben (Kostenanalyseinstrument).

Beide Ziele entsprechen den Zielen des Prozessmanagements, eine Kosten- und Leistungstransparenz zu erzielen und gleichzeitig Leistungsprozesse so zu ordnen, dass eine Vorauswahl in Frage kommender Maßnahmen des Prozessmanagements ermöglicht wird.

Die Ziele korrespondieren mit den zwei von Porter identifizierten Quellen von Wettbewerbsvorteilen: dem Kostenvorsprung oder der Differenzierung, aus denen sich die Basis-Strategietypen „Kostenführerschaft" und Differenzierung" ergeben. Im ersten Fall wird eine im Vergleich zu den Wettbewerbern bessere relative Kostenposition am Markt angestrebt, im zweiten Fall eine unverwechselbare Anbietereigenschaft.

Besonders die Soll-Analyse zielt darauf ab, Prozesse zu ermitteln, die dem Abnehmer eine auf seine Wünsche zugeschnittene neue Leistung liefern können.

Der Einfluss der Geschäftsprozesse auf den Kundennutzen ist sehr unterschiedlich. Einige Geschäftsprozesse erzeugen direkt Leistungen für externe Kunden, andere unterstützen diese. Daher kann eine Zweiteilung in primäre Geschäftsprozesse, auch als Kernprozesse bezeichnet, und sekundäre Geschäftsprozesse, auch als unterstützende Prozesse oder → **Supportprozesse** bezeichnet, vorgenommen werden.

→ **Primärprozesse** (Primäre Geschäftsprozesse) sind beispielsweise:

- **Innovationsprozess**: Generieren und überprüfen neuer Produktideen
- **Produktplanungsprozess**: Festlegen der Anforderungen neuer Produkte
- **Produktentwicklungsprozess**: Entwickeln neuer Produkte
- **Vertriebsprozess**: Akquirieren von Kundenaufträgen
- **Auftragsabwicklungsprozess**: Fertigen, liefern und installieren der bestellten Waren
- **Serviceprozess**: Beanstandungen bearbeiten

→ **Sekundärprozesse** unterstützen die primären Prozesse, d.h. sie sind Dienstleister für die Primärprozesse. Merkmal zur Beurteilung der Sekundärprozesse ist der Erfüllungsgrad der Anforderungen durch die Primärprozesse. Entsprechend sind das Leistungsangebot und die Leistungsfähigkeit der Sekundärprozesse einer permanenten Kontrolle und Beurteilung hinsichtlich des Erfüllungsgrades der Anforderungen durch die primären Prozesse zu unterziehen.

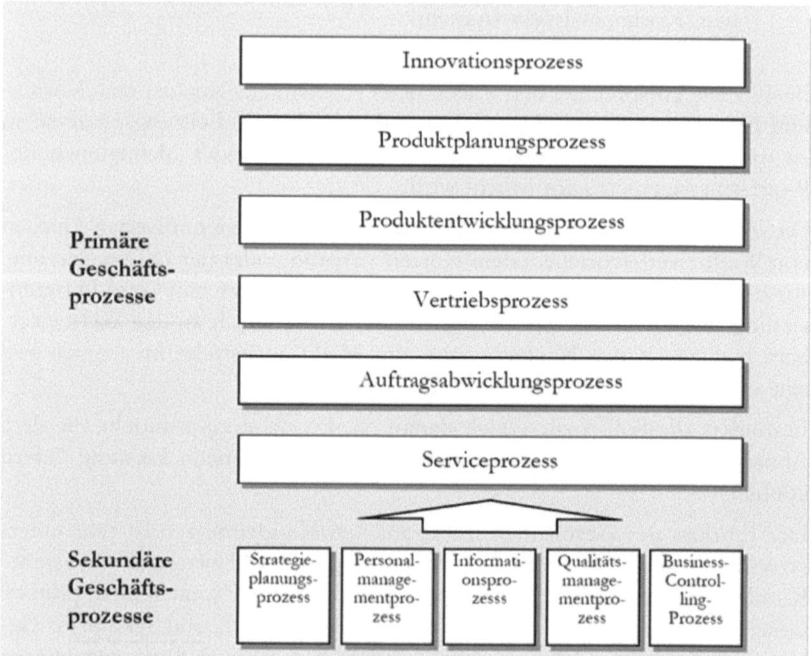

Abb. 8: Primäre und sekundäre Geschäftsprozesse

Primäre und sekundäre Geschäftsprozesse sind nicht immer trennscharf, die Grenzen sind fließend. Je nach Art des Leistungsangebots eines Unternehmens kann ein Primärprozess in einem anderen Unternehmen ein Sekundärprozess sein.

Die Ausgangsbasis für die Identifizierung der primären Geschäftsprozesse sind die externen Kunden mit ihren gewünschten Leistungen. Die Definition der sekundären Geschäftsprozesse erfolgt nach dem gleichen Schema, wobei die primären Geschäftsprozesse die Kunden darstellen. Anfangs- und Endpunkte der Geschäftsprozesse sind so zu wählen, dass am Anfang die Anforderungen der Kunden und am Ende die Übergabe der Ergebnisse an die Kunden steht. Beim Auftragsabwicklungsprozess wäre beispielsweise der Anfang die Bestellung des Kunden und das Ende die Lieferung an den Kunden.

Die organisatorische Zuordnung primärer Geschäftsprozesse auf die hierarchischen Unternehmensebenen setzt eine Homogenität der Geschäftsprozesse und der Unternehmensebene hinsichtlich Bearbeitungsobjekte, Kundengruppen, Ziele und Strategien voraus. In kleinen Unternehmen ist diese doppelte Homogenität in der Regel auf der Geschäftsführungsebene vorhanden. Mittlere Unternehmen haben meist verschiedene Geschäftseinheiten mit jeweils unterschiedlichen Strategien, Zielen, Kundengruppen und Bearbeitungsobjekten. Größere Unternehmen sind häufig in Geschäftsbereiche, Sparten oder Divisionen untergliedert. Auf dieser hierarchischen Ebene existiert die doppelte Homogenität nicht, weil in den Geschäftsbereichen diverse Leistungen für diverse Kundengruppen erbracht werden. Erst auf der Geschäftseinheitsebene ist eine doppelte Homogenität vorhanden. Primäre Geschäftsprozesse sollten in mittleren und größeren Unternehmen daher organisatorisch Geschäftseinheiten zugeordnet werden. Hingegen können sekundäre Geschäftsprozesse auf allen Unternehmensebenen vorhanden sein.

Die organisatorische Zuordnung primärer Geschäftsprozesse könnte wie folgt aussehen:

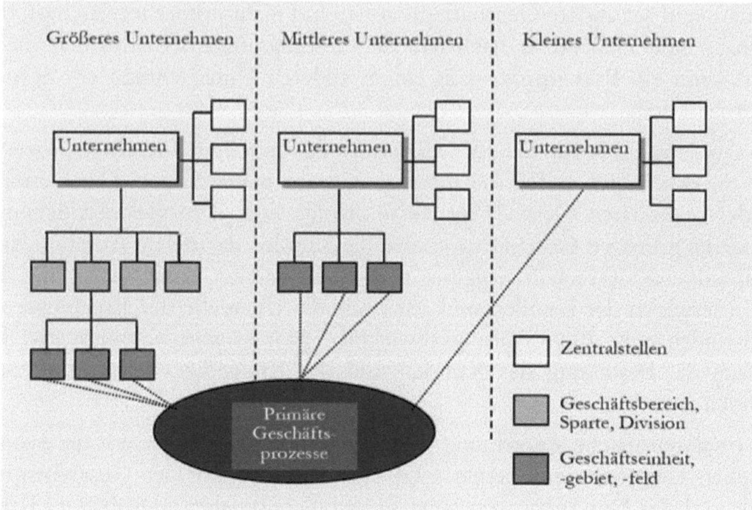

Abb. 9: Zuordnung primärer Geschäftsprozesse

Die organisatorische Zuordnung sekundärer Geschäftsprozesse könnte wie folgt aussehen:

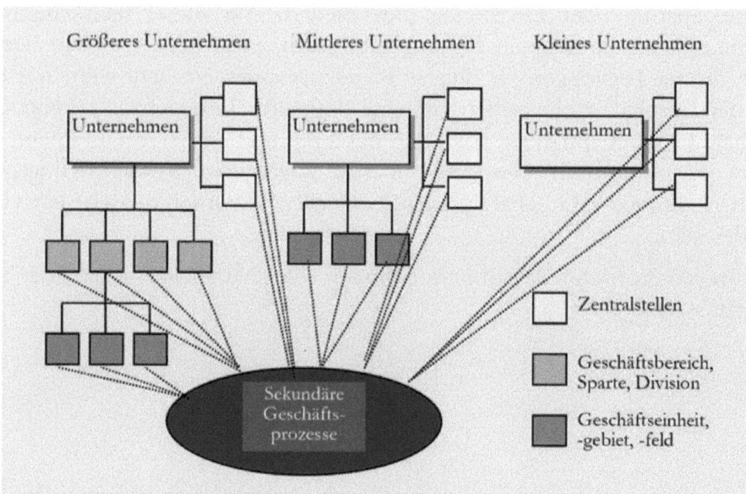

Abb. 10: Zuordnung sekundärer Geschäftsprozesse

Eine Wertkettenanalyse läuft in folgenden Schritten ab:

[1] Zunächst wird in einem ersten Schritt das zu untersuchende Unternehmen innerhalb des gesamten Wertschöpfungsprozesses von der Erzeugung bis zum Konsum positioniert. Die Einordnung orientiert sich an den institutionellen Grenzen der am Leistungsprozess beteiligten Unternehmen.

[2] Anschließend müssen in einem zweiten Schritt die unternehmensrelevanten Leistungsprozesse ermittelt werden, d.h. es findet eine horizontale Prozessabgrenzung statt.

Unternehmensprozessmodelle sind strukturiert nach einem Schema zu erstellen. Das Schema ist unternehmensindividuell festzulegen. Zum Beispiel könnte das Schema wie folgt aussehen:

- **Ebene 1**: Auf dieser Ebene des Modells werden die Kernprozesse des Unternehmens dargestellt.
- **Ebene 2**: Auf dieser Ebene werden die einzelnen Bestandteile der Prozesse aus Ebene 1 dargestellt, ohne bereits Schnittstellen zu definieren.
- **Ebene 3**: Die auf Ebene 2 dargestellten Prozesse werden durch ein sehr allgemeines Diagramm differenziert. In diesem Diagramm werden die Alltagsprozesse der beteiligten Abteilungen und Personen abgebildet.
- **Ebene 4**: Wie auf Ebene 3 werden die zu beobachtenden Alltagsprozesse abgebildet, jedoch detaillierter. Für den Detaillierungsgrad gilt folgendes: Ein Arbeitsschritt, an dem nur eine Person einer Organisationseinheit beteiligt ist, wird als eine Aktivität dargestellt. Sind verschiedene Organisationseinheiten an einer Aktivität beteiligt, ist eine Differenzierung in dieser Ebene erforderlich.
- **Ebene 5**: Die einzelnen Aktivitäten der Ebene 4 werden weiter aufgeschlüsselt. Es entstehen Prozessmodelle für Abläufe innerhalb einer Organisationseinheit. Den einzelnen Aktivitäten werden Arbeitsanweisungen beigefügt, die konkrete Hinweise auf die Ausführung der Tätigkeit geben.

Beispiel Wertschöpfungsdiagramm

Eine Bäckerei mit Verkaufsladen hat folgende Kernprozesse:

- Backwaren produzieren,
- Handelswaren einkaufen,
- produzierte Backwaren und Handelwaren verkaufen.

Dies sind die primären (wertschöpfenden) Aktivitäten des Unternehmens.

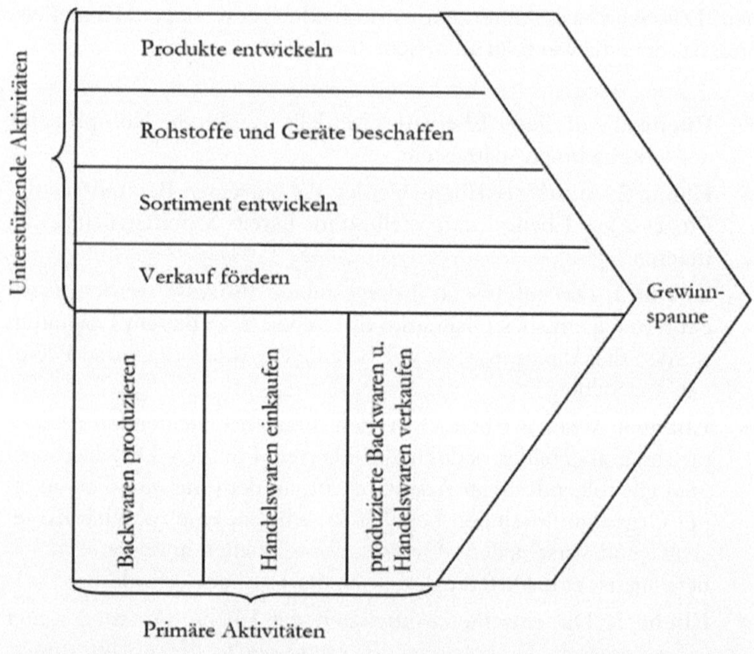

Abb. 11: Wertschöpfungsdiagramm **einer Bäckerei**

Damit diese primären Aktivitäten reibungslos durchgeführt werden können, sind beispielsweise folgende unterstützende Prozesse erforderlich:

- Produkte entwickeln,
- Rohstoffe und Geräte beschaffen,
- Sortiment entwickeln,
- Verkauf fördern.

Anwendung 1: Erstellen von Wertschöpfungsdiagrammen

1. Erstellen Sie je ein Wertschöpfungsdiagramm für zwei verschiedene Einzelhandelsunternehmen für „Neue Medien".

   Unternehmen A hat die Unternehmensphilosophie: Ein angemessener nachhaltiger Gewinn ist über einen hohen Abverkauf bei niedrigen Preisen und einem weitgehenden Verzicht auf Service zu erzielen.

   Unternehmen B hat die Unternehmensphilosophie: Ein angemessener nachhaltiger Gewinn ist über eine hohe Kundenbindung und einem individuellen Kundenservice bei mittleren bis hohen Preisen zu erzielen.
2. Wie unterscheiden sich die Wertschöpfungsdiagramme dieser beiden Einzelhandelsunternehmen?

Die nachfolgende Abbildung zeigt eine Wertkette nach Porter:

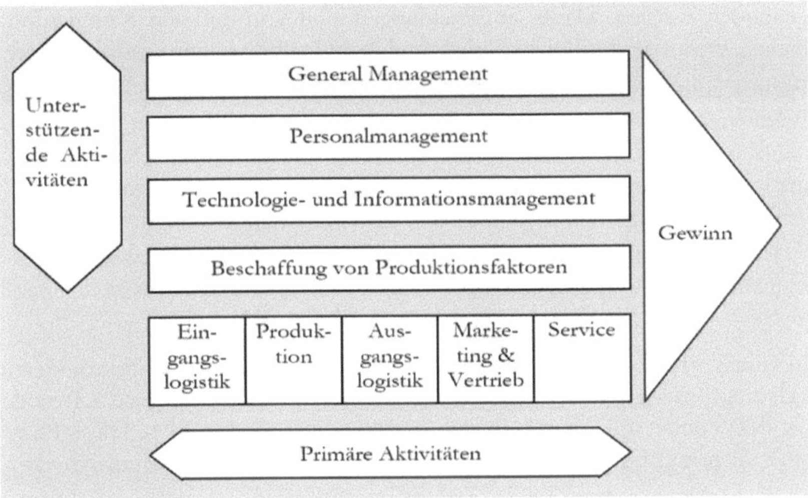

Abb. 12: Wertkette nach Porter

Porter unterscheidet primäre und sekundäre Leistungsprozesse. Primäre Leistungsprozesse beinhalten alle Tätigkeiten, die mit der Herstellung und Vermarktung eines Produktes bzw. einer Dienstleistung zusammenhängen. Neben den primären Leistungsprozessen gibt es unterstützende – von Porter sekundäre genannt – Leistungsprozesse, die die erforderlichen Inputfaktoren bereitstellen oder die entsprechenden infrastrukturellen Bedingungen zur reibungslosen Abwicklung der primären Prozesse schaffen.

Primäre Prozesse – auch wertschöpfende Prozesse genannt – sind nach Porter alle Aktivitäten, die direkt einen Beitrag zur Herstellung und Vermarktung eines Produktes oder einer Dienstleistung leisten. Die sekundären Prozesse unterstützen die primären Prozesse. Deshalb werden sie auch als unterstützende Prozesse bezeichnet. Sie bieten für die primären Prozesse die infrastrukturellen Voraussetzungen.

Nicht alle genannten Prozesse entsprechen den gleichnamigen institutionalisierten betrieblichen Funktionen. Sie umfassen vielmehr die Summe aller Tätigkeiten im Zusammenhang mit der jeweiligen betrieblichen „Basisfunktion“. Mit Beschaffung ist demzufolge nicht die gleichnamige Beschaffungsabteilung gemeint, sondern alle beschaffungsverbundenen Unternehmenstätigkeiten, unabhängig davon, in welchem Unternehmensbereich sie anfallen. Aus der Wertkette sind damit auch keine aufbauorganisatorischen Gegebenheiten ablesbar, d.h. es ist nicht erkennbar, inwieweit die Prozesse spezialisiert in einer Abteilung ablaufen oder Aktivitäten auf einzelne Mitarbeiter gebündelt werden. Diese Entscheidungen sind von anderen Kriterien abhängig, etwa von der Betriebsgröße und den Qualifikationen der Mitarbeiter.

Parallel zum Aufbau der unternehmensspezifischen Wertkette sollten auch Wertketten von Wettbewerbern aufgestellt und analysiert werden, um gegebenenfalls bereits in der Analysephase Hinweise auf noch aufzunehmende Glieder bzw. auf branchenunübliche Glieder der eigenen Kette zu bekommen.

Praxishinweis
Es ist empfehlenswert, zunächst mit den primären Leistungsprozessen zu beginnen, da das Verständnis der beteiligten Führungskräfte hier in der Regel höher ist.

In einem zweiten Schritt der Analyse sind für jede Kategorie die konkreten Leistungsprozesse zu spezifizieren. Je wettbewerbsrelevanter eine Kategorie ist, desto tiefer sollte der Leistungsprozess spezifiziert werden. Diese Phase stellt allerdings bereits den Übergang zu einer vertikalen Prozessanalyse dar.

Das nachfolgende Beispiel einer Wertkette zeigt eine vereinfachte Spezifizierung (Abbildung 13).

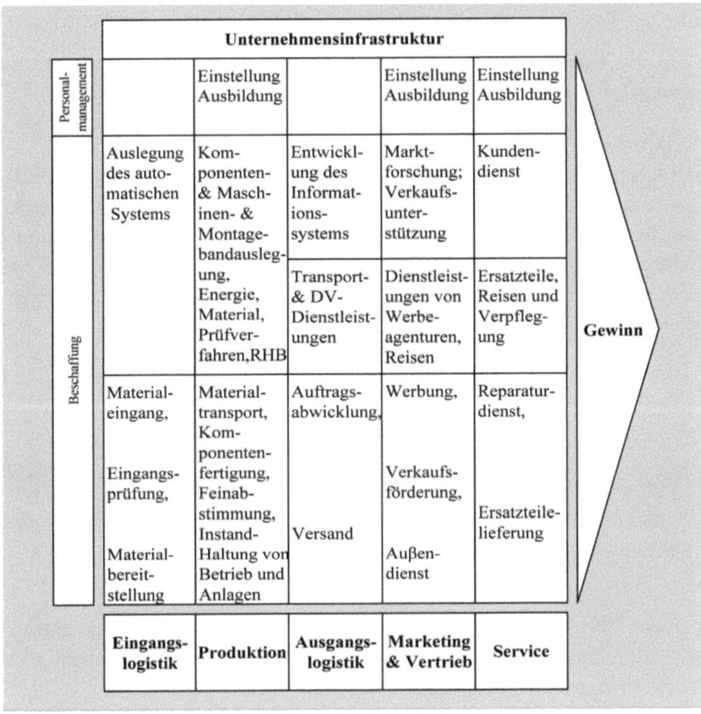

Abb. 13: Spezifizierung einer Wertkette

Bezugsrahmen einer Wertkette

	Rohmaterial	Herstellung	Montage	Transport	Showroom	Lieferzeit	Anlieferung
eigenes Unternehmen	je nach Material: geringe bis hohe Kosten	kleine Mengen: hohe Kosten	arbeitsintensiv: hohe Kosten	Luft: hohe Kosten	zentrales Lager: hohe Kosten	kleines Lager: lang	Luft: hohe Kosten
Wettbewerber	geringe Kosten	große Mengen: geringe Kosten	durch Kunden: keine Kosten	Land, kompakt zerlegt: geringe Kosten	Außerhalb: geringe Kosten	Großes Lager: kurz	Abholung durch Kunden: keine Kosten

Abb. 14: Bezugsrahmen einer Wertkette

Abbildung 14 zeigt einen vereinfachten Bezugsrahmen einer Wertkette.

Das zentrale Problem der Wertkettenanalyse stellt die Definition und Abgrenzung relevanter Leistungsprozesse dar.

Praxishinweis
Zur Definition der Leistungsprozesse kann man sich an dem Material-, Auftrags- oder Papier- bzw. Informationsfluss orientieren. Daneben können Kommunikationsdiagramme, die die Häufigkeit, Dauer und Form der Kommunikation zwischen einzelnen Stellen bzw. Abteilungen dokumentieren, hilfreich sein, da sie Hinweise auf über aufbauorganisatorische Grenzen hinausgehende Prozesse bieten.

Porter empfiehlt, Leistungsprozesse

- mit unterschiedlichen wirtschaftlichen Zusammenhängen,
- mit einem hohen Differenzierungspotenzial oder
- mit einem erheblichen oder steigenden Kostenanteil voneinander abzugrenzen.

Auch diese Empfehlungen sind relativ allgemein gehalten und geben keine operationalen Handlungsanweisungen; genauere Aussagen sind allerdings nur für den Einzelfall zu treffen.

Über die strategische Bedeutung eines Prozesses kann unter Bezugnahme auf das unternehmensindividuelle Zielsystem entschieden werden. Tendenziell lässt sich für Unternehmen vermuten, dass strategisch entscheidende Prozesse eher in den Prozessen zu finden sind, die durch den Kunden wahrnehmbar sind und an denen er teilweise auch beteiligt ist. So erwartet der Kunde eine Vielzahl an speziellen Dienstleistungsprozessen, und zwar von der Anfrage bis nach der Lieferung.

Jeder Prozess besteht aus mehreren Ebenen. In der betrieblichen Praxis ist es üblich, Geschäftsprozesse mindestens in Teilprozesse, Prozessschritte und Arbeitsschritte zu untergliedern. Die Festlegung einer hierarchischen Prozessstruktur ist notwendig, um den einzelnen Strukturelementen die jeweiligen Aufgabenträger zuordnen und klare Verantwortungen festlegen zu können. Ebenfalls ist der Leistungsparameter die Grundlage einer Messung, wie z.B. die Ermittlung der Prozesskosten oder die Strukturierung der Geschäftsprozesse.

Praxishinweis
Der Detaillierungsgrad der Prozessstruktur sollte sich nach der Komplexität des Geschäftsprozesses sowie der Arbeitsorganisation richten. Wird der Prozess durch den Mitarbeiter selbst gesteuert, besteht keine Notwendigkeit, den Geschäftsprozess bis auf einzelne Aktivitäten zu zerlegen. In diesem Fall reicht meist eine Strukturierungstiefe von drei Ebenen für die Steuerung und Optimierung aus.

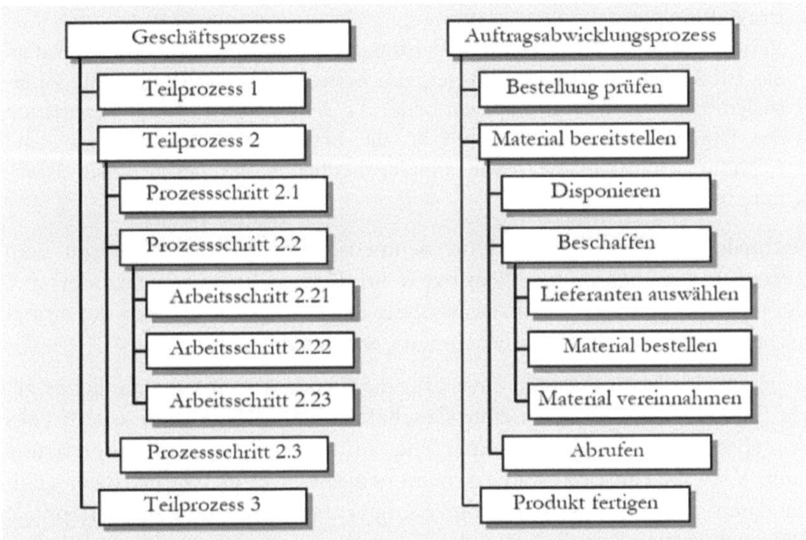

Abb. 15: Prozess-Aufbaustruktur

Die Prozesse werden in der Art strukturiert, dass die Anforderungen an die Prozessergebnisse jederzeit erfüllt werden können. Die Eigenschaft eines Prozesses wird als Prozessfähigkeit bezeichnet. Für Fertigungsprozesse lässt sich dies z.B. in Form eines Prozessfähigkeitsindexes ausdrücken, der die zulässigen Toleranzen zur Streubreite der Ergebnisse ins Verhältnis setzt. Zunächst wird ermittelt, welche Ergebnisse beim Prozesskunden benötigt werden. Um die Rentabilität des Betriebes zu sichern, muss jeder Prozess die gestellten Anforderungen auf möglichst wirtschaftliche Weise erreichen, d.h. es findet eine Konzentration auf die Tätigkeiten statt, die aus Kundensicht den Nutzen steigern.

Da die Wertkettenanalyse zu den strategischen Analysemethoden gehört, fällt sie grundsätzlich in den Aufgabenbereich der Unternehmensleitung. Sie wird häufig in Arbeitssitzungen mit Führungskräften des Unternehmens oder einzelner Geschäftsbereiche durchgeführt und durch interne oder externe Experten moderiert. Detailliert angewendet ist sie relativ arbeitsaufwendig, so dass für die praktische Anwendung ein vereinfachter Ansatz vorgeschlagen wird.

Praxishinweis
Versuchen Sie im Rahmen eines Führungskräfte-Workshops, anknüpfend an das Erfahrungswissen der Manager, eine erste globale Aktivitätenkette zu erstellen. Ein Orientierungsrahmen bildet die Aufbau- und Ablauforganisation des Unternehmens. Damit wird an die betrieblichen Informations- und Kommunikationsströme sowie an Gegebenheiten des betrieblichen Rechnungswesens angeknüpft.

Nachteilig ist, dass sich die Unternehmensleitung nicht explizit mit dem konkreten Leistungserstellungsprozess im Unternehmen auseinandersetzt. Der große Vorteil der Wertkettenanalyse, das erneute Offenlegen der strategischen Ausrichtung des Unternehmens, wird nicht genutzt.

Insgesamt bleibt zu vermuten, dass für die Prozessabgrenzung ähnliches gilt wie für die Bildung strategischer Geschäftseinheiten. Ein stark analytisches Vorgehen besitzt gegenüber einer eher intuitiven, formlosen Abgrenzung kaum Vorteile. Entsprechend erscheint es sinnvoll, eine pragmatische, weniger daten- und zeitintensive Abgrenzung zu wählen. Für eine horizontale Prozessabgrenzung im Rahmen des Prozessmanagements sind grundsätzlich beide vorgestellten Möglichkeiten geeignet.

Als ein weiterer Ausgangspunkt für eine horizontale Prozessabgrenzung können bestehende Prozessmodelle für Unternehmen genutzt werden. Diese können entweder vollständig übernommen oder für eigene Zwecke modifiziert werden.

In der Literatur sind sowohl branchenungebundene als auch speziell auf bestimmte Branchen bezogene Modelle zu finden.

Die Zuordnung der Prozesse ist eine wichtige Voraussetzung der Verbesserung bzw. Optimierung der Prozesse. Hierbei wird die Wertigkeit der Prozesse in der Praxis durch die Zuordnung nach Kernprozessen, Supportprozessen und Führungsprozessen bestimmt. Es wird deshalb von einer Wertigkeit gesprochen, weil die Kernprozesse beispielsweise sich direkt aus den Kernkompetenzen eines Unternehmens ableiten. Die Kernkompetenzen sind zusammen die Identifikation des Unternehmens mit dem Markt und somit die wichtigsten Prozesse. Mit den Kernprozessen werden die Bedürfnisse des Marktes, also der Kunden, erfüllt und damit verdient das Unternehmen sein Geld. Die **Supportprozesse** unterstützen lediglich die Kernprozesse. Ein Prozess beginnt mit dem Kundenbedürfnis. Aufgrund dieses Kundenbedürfnisses erhält die Unternehmung Input (Kundenwünsche). Weitere Inputs für die Leistungserstellung (Material, Finanzen, etc.) werden benötigt, um zum befriedigten Kundenbedürfnis zu gelangen. Dieser Vorgang zwischen Input und Output wird als Wertschöpfungsprozess bezeichnet.

Die folgende Abbildung zeigt ein branchenungebundenes Modell.

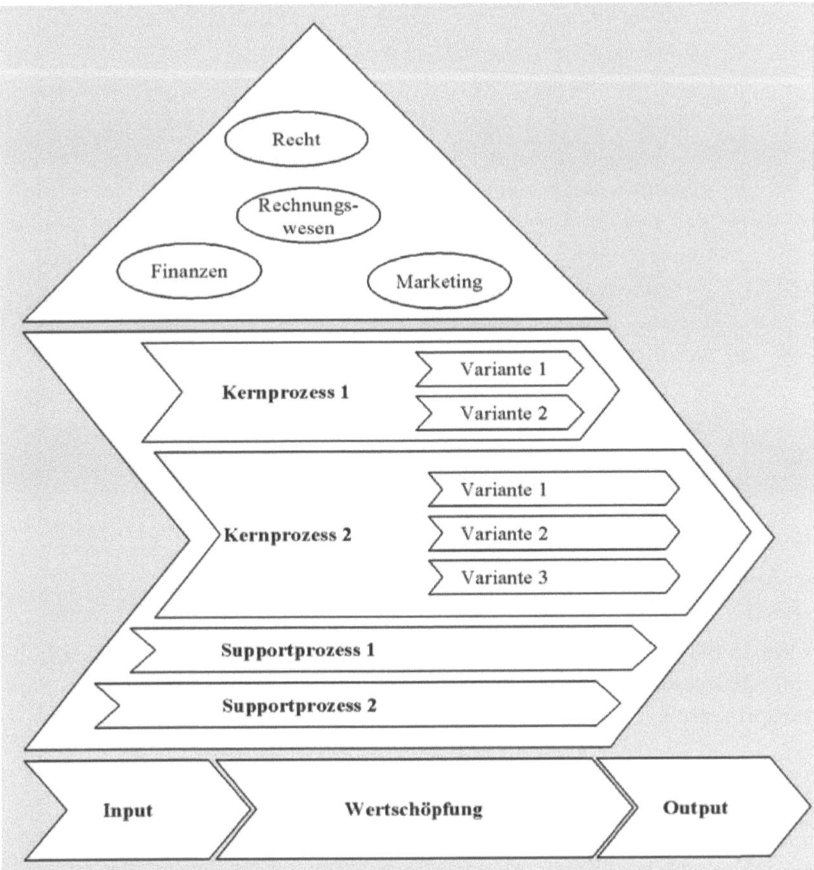

Abb. 16: Branchenungebundenes Wertkettenmodell

Die Wertkettenanalyse ermöglicht es, ein Prozessmodell eines Unternehmens aufzustellen. Das Aggregationsniveau der abgegrenzten Prozesse erlaubt eine Einordnung der Leistungsprozesse nach ihrer strategischen Relevanz. Auch wenn strategisch relevante Prozesse gleichzeitig spezifisch sind, ergeben sich aus den gezeigten groben Prozesskategorien noch keine Hinweise darauf, worin die Spezifität der Prozesse besteht. Dazu ist eine tiefer gehende Analyse erforderlich, die den isolierten Prozess vertikal zerlegt.

Die Grundannahmen der Wertkettenanalyse können wie folgt zusammengefasst werden:

1. Der Gesamtwert eines Produktes oder einer Dienstleistung ist derjenige Betrag, den die Kunden bereit sind, dafür anzulegen.
2. Eine differenzierte Betrachtung und Ausgestaltung der Wertschöpfungsaktivitäten ist für die Erzielung einer befriedigenden Gewinnspanne unabdingbar.
3. Die Teilaktivitäten müssen entlang des Wertschöpfungsprozesses geordnet werden, um zu einem Bezugsrahmen zu gelangen.
4. Nicht allein das eigene Unternehmen, sondern die Einbettung des eigenen Unternehmens in die Wertschöpfungskette der Branche ist Ausgangspunkt der Analyse.
5. Die Wertschöpfungskette des Unternehmens muss im Vergleich zu denjenigen der Konkurrenten analysiert und ggf. hinsichtlich auf die Branchenverhältnisse neu definiert werden.
6. Ermittelt werden können Wettbewerbsvorteile bzw. –nachteile nur dann, wenn nicht nur einzelne Aktivitäten strukturiert und dokumentiert werden, sondern auch die Art und Weise ihrer Erledigung überprüft wird.

Anwendung 2: Zuordnung von Prozessen

Ordnen Sie bitte durch Ankreuzen die unten genannten Prozesse den Führungsprozessen, den Wertschöpfungs- bzw. Kernprozessen sowie den Supportprozessen zu.

Zuzuordnende Prozesse	Führungs-prozesse	Wertschöpfungs-prozesse	Support-Prozesse
Kundenbetreuung			
Personalwesen			
Controlling (Hard- & Softfacts)			
Akquisition, Auftragsgewinnung			
Vision, Mission, Leitbild			
Qualität, Umwelt, Sicherheit			
Audits			
Kundenservice			
Risikomanagement			
Finanz- & Rechnungswesen			
Kommunikation (interne / externe)			
Verkauf (Offert- & Vertragswesen)			
Strategie, Businessplan			
Auftragsabwicklung			
Managementsupport			
Personalentwicklung			
Sekretariat, Administration			
Fehlermanagement			
Informations-Technologie EDV			
Produktentwicklung			
Zielsetzung, Budget			
Infrastruktur (Areal, Gebäude, Betriebs-/Sachmittel)			
Geschäftsbericht, Managementsystembewertung			
Verfahrensentwicklung			
Unternehmens- und Organisationsentwicklung			
Marketing, Produktmanagement			
Innovationsprozess			
Logistik (Beschaffung, Lager, Transport, Versand)			
Verbesserungsmanagement			

3.3 Gewichtung von Prozessen

Über die Gewichtung von Prozessen können entscheidungsrelevante Informationen gewonnen werden. Beispielsweise ist der Stellenwert eines Prozesses für das Unternehmen für folgende Problemstellungen entscheidungsrelevant:

- Aufbau und Ausbau von Kernkompetenzen;
- Erneuerung von Geschäftsprozessen (Business Process Reengineering);
- Outsourcing/Insourcing von Geschäfts- oder Teilprozessen;
- Zuteilung von finanziellen, personellen und technischen Ressourcen.

Methoden zur Gewichtung von Geschäftsprozessen sind → **Prozess-Portfolios**, Prozessprofile und Checklisten.

Geschäftsprozesse werden im **Geschäftsprozess-Portfolio** nach ihrer Wirkung auf Kundennutzen und Beitrag zum Unternehmenserfolg platziert. Leistet ein Geschäftsprozess einen hohen Beitrag zum Unternehmenserfolg und zugleich zum Kundennutzen, dann hat dieser Geschäftsprozess eine hohe Priorität, da die zukünftige Entwicklung des Unternehmens von diesem Geschäftsprozess entscheidend abhängt. Sekundäre Geschäftsprozesse leisten für die Kunden keinen unmittelbaren Nutzen, auch wenn sie zur Erfüllung der primären Geschäftsprozesse erforderlich sind. Daher werden sie in die Felder A oder C der unten stehenden Abbildung eingeordnet.

Werden nicht nur Geschäftsprozesse in der Portfolio-Analyse bewertet, sondern auch kritische Teilprozesse, steigt die Aussagekraft der Portfolio-Analyse. Unter anderem kann mit Hilfe der Portfolio-Analyse eine Vorselektion für Outsourcing-Kandidaten durchgeführt werden (hauptsächlich Feld C in Abbildung 17).

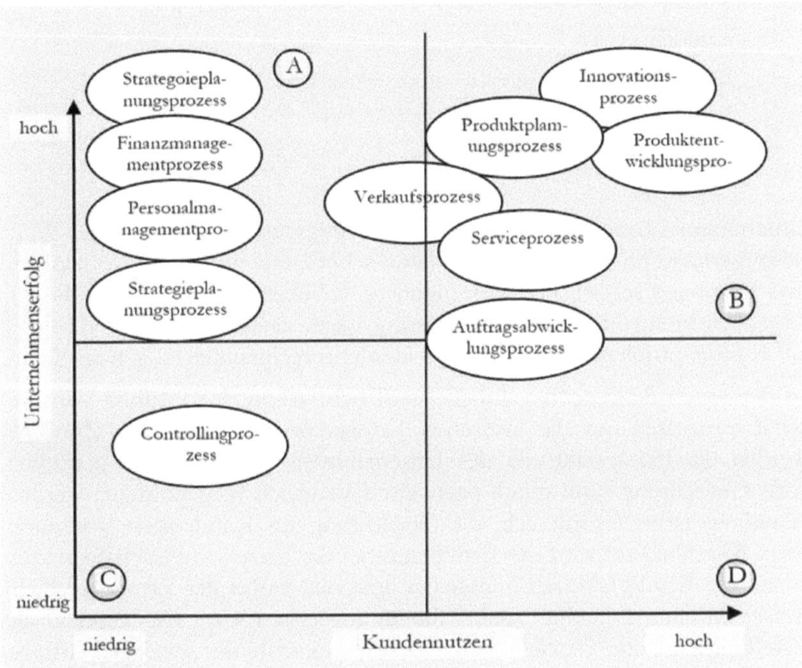

Abb. 17: Geschäftsprozess-Portfolio

Eine andere Möglichkeit Geschäftsprozesse zu gewichten, ist die Anwendung der Geschäftsprozess-Erfolgsfaktoren-Matrix (GPE). Sie geht vom Einfluss der Prozesse auf die Erfolgsfaktoren aus. Ein positiver → **Erfolgsfaktor** ist ein Merkmal, eine Bedingung oder eine Variable, die einem Unternehmen einen Wettbewerbsvorteil gegenüber anderen Unternehmen verschafft. So eröffnet ein wettbewerbsdifferenzierendes Merkmal die Möglichkeit, einen höheren Absatzpreis zu fordern, die Absatzmenge zu erhöhen oder beides durchzusetzen. Negative Erfolgsfaktoren führen hingegen zu einer Verminderung der Absatzmenge. Beispielsweise können in einem Unternehmen folgende Erfolgsfaktoren dominant sein:

- Produktqualität,
- Preis-Leistungs-Verhältnis,
- Attraktivität des Leistungsprogramms,

- Kundenservice,
- Liefertreue,
- Lieferzeit,
- Innovation.

Unternehmen haben immer dann hohe Erfolgsaussichten gegenüber Wettbewerbern, wenn sie Kundenprobleme schnell erkennen bzw. antizipieren und Lösungen schnell und kostengünstig anbieten. Hingegen sind die Erfolgsaussichten von Unternehmen gering, wenn sie nicht flexibel und schnell auf Kundenprobleme mit effizienten kundengerechten Leistungen reagieren.

In der unten dargestellten Tabelle wird beispielhaft der Einfluss von Geschäftsprozessen auf die kritischen Erfolgsfaktoren dargestellt. Zunächst werden die Erfolgsfaktoren des Unternehmens bestimmt und gewichtet. Eine Gewichtung kann durch paarweisen Vergleich vorgenommen werden. Allerdings ist es erforderlich, die Gewichtung aus Kundensicht vorzunehmen. Anschließend wird der Erfüllungsgrad der einzelnen Geschäftsprozesse auf die Erfolgsfaktoren numerisch bewertet, wobei der Erfolg beispielsweise zwischen 1 (gering) und 5 (hoch) angegeben wird. Das Produkt aus Erfüllungsgrad und Gewicht ist die Gewichtungszahl des jeweiligen Erfolgsfaktors. Die Gewichtungssumme des jeweiligen Erfolgsfaktors ergibt sich aus der Addition der jeweiligen Gewichtungszahlen. Merkmal für die Ableitung der Rangfolge der Geschäftsprozesse ist die Gewichtungssumme.

Erfolgsfaktoren	Gewicht	Geschäftsprozesse (Einflussgrad 1–5)											
	EF	1		2		3		4		5		6	
Leistungsangebot	7	4	28	4	28	2	14	5	35	1	7	4	28
Produktqualität	10	3	30	5	50	4	40	3	30	4	40	3	30
Preis/Leistung	8	3	24	4	32	3	24	4	32	3	24	5	40
Flexibilität	8	2	16	2	16	2	16	1	8	2	16	2	16
Innovation	7	5	35	3	21	1	7	2	14	4	28	1	7

Service	6	1	6	2	12	3	18	4	24	1	6	1	6
Durchlauf-zeiten	7	1	7	2	14	5	35	3	21	2	14	1	7
Mitarbeiter	9	2	18	1	9	4	36	2	18	3	27	3	27
Summe GP		22	165	25	184	27	193	28	186	25	167	26	167
Gewicht GP		1,7		1,8		1,9		1,9		1,8		1,8	
GP = Geschäftsprozess								EF = Erfolgsfaktor					

Tab. 1: Geschäftsprozess-Erfolgsfaktoren-Matrix

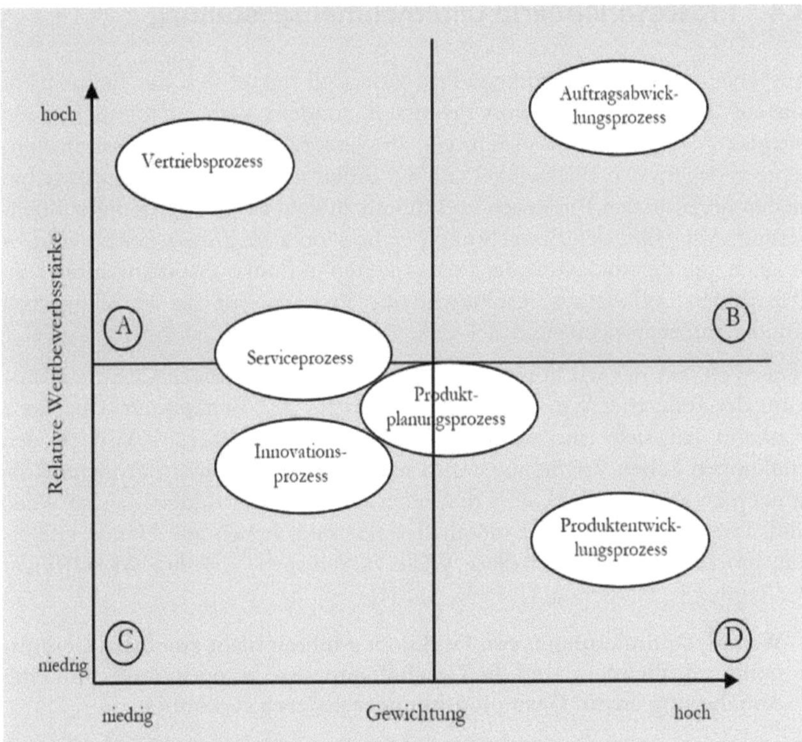

Abb. 18: Geschäftsprozess-Gewichtungs-Portfolio

Der Produktentwicklungsprozess (3) und der Auftragsabwicklungsprozess (4) sind in dem Beispiel die beiden kritischen positiven Erfolgsfaktoren, d.h. sie sind wettbewerbsentscheidend, da sie die höchsten Gewichtungssummen haben.

In einem weiteren Schritt ist über ein Prozess-Benchmarking zu analysieren, welche Stärken bzw. Schwächen die Geschäftsprozesse im Wettbewerbsvergleich aufweisen (relative Wettbewerbsstärke). Das Ergebnis kann mit Hilfe eines Geschäftsprozess-Gewichtungs-Portfolio veranschaulicht werden. Aus diesem Portfolio wird ersichtlich, welche Prozesse in ihrer Leistung verbessert werden müssen, damit die Wettbewerbsposition gehalten bzw. verbessert werden kann. Dies sind in dem Beispiel der Produktentwicklungs- und Produktplanungsprozess.

3.4 Prozessorientierte Unternehmensgestaltung

Ausgehend vom Unternehmens-Prozessmodell richtet sich der Fokus nicht nur auf die Modellierung von Prozessen, sondern auch auf die Schaffung geeigneter Organisationsstrukturen. Prozessorientierte Organisationskonzepte verlagern den Blickwinkel von der funktionalen Betrachtungsweise hin zu den horizontalen Prozessen und führen zu dem Primat der Kundenorientierung. Mit Hilfe der Betrachtung der horizontalen Prozessketten wird es möglich, die Zerstückelung der Prozessketten in Funktionsorganisationen zu überwinden und daraus resultierend die Prozesse auf die Erfüllung von Kundenanforderungen auszurichten.

„Die Welt, aus der wir kommen, entspricht der 100-jährigen Organisationsform der Industrie. Wir haben Spezialisten für alle Funktionen. Über jede Funktion hat sich eine wundersame Hierarchie etabliert. Zwischen den Funktionen haben wir Schnittstellen und jeder, der in einem größeren Unternehmen arbeitet, weiß, dass dies nicht nur Mauern, sondern riesige Wälle sind. Die Manager, die auf diesen Ebenen sind, haben alle Hände voll zu tun, um eine Brücke über diese Wälle zu schlagen.“ (Perlitz, M./Offinger A./Reinhardt, M./Schug, K. 1996, S. 151)

Weitere Optimierungen von Funktionen führen nicht zu einem Gesamtoptimum. Vielmehr sind die Geschäftsprozesse zu optimieren, um eine Annäherung an ein Gesamtoptimum realisieren zu können.

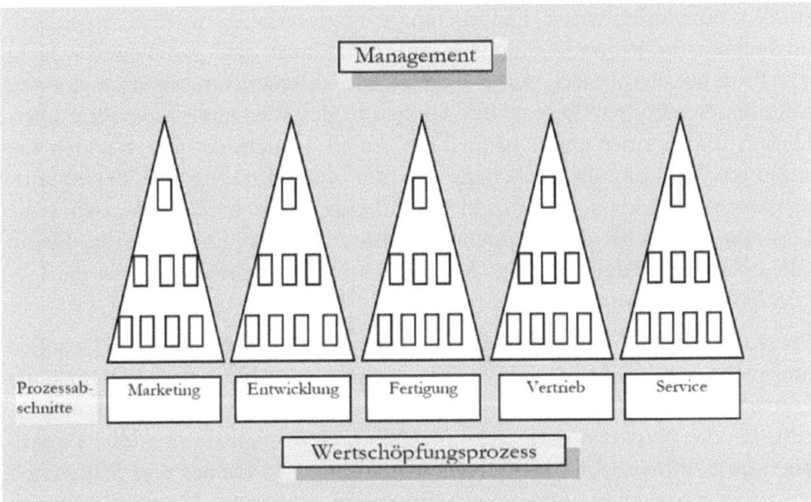

Abb. 19: Funktionale Organisation

Funktionalorganisationen unterscheiden sich von prozessorientierten Organisationen in folgenden Punkten:

Funktionsorganisation	Prozessorganisation
– vertikale Ausrichtung	– horizontale Ausrichtung
– starke Arbeitsteilung	– Arbeitsintegration
– Verrichtungsorientierung	– Objektbearbeitung
– tiefe Hierarchie	– flache Hierarchie
– Abteilungsziele	– Prozessziele
– Ziel: Kosteneffizienz	– Ziel: Kundenzufriedenheit, Produktivität
– zentrales Fremdcontrolling	– dezentrales Selbstcontrolling
– Ratioprojekte	– kontinuierliche Verbesserung
– Ersatzprozesse, Redundanz	– Konzentration auf Wertschöpfung
– Komplexität	– Transparenz

Tab. 2: Merkmale von Funktions- und Prozessorganisation

In funktionalorientierten Unternehmensorganisationen werden organisationsbedingt die Prozesse fragmentiert und dadurch eine ganzheitliche Sicht der Prozesse verhindert. Aufgrund der funktionalen Organisation können Mitarbeiter nur einen begrenzten Ausschnitt der Wertschöpfungskette überblicken und können meist nicht ihren Anteil an dem für den Kunden bestimmten Gesamtergebnis sehen. Aus der Zersplitterung der Verantwortlichkeiten folgt, dass der einzelne Mitarbeiter nicht erfährt, wie sich seine Leistung auf die für den Kunden erbrachte Gesamtleistung auswirkt. Damit gibt es auch für die einzelnen Mitarbeiter keinen Anreiz, sich für die Gesamtleistung verantwortlich zu fühlen.

Prozessorientierte Unternehmensorganisationen richten sich nach außen und nicht wie Funktionsorganisationen nach innen. Damit richtet sich der Fokus auf die Erfüllung der Kundenanforderungen. Indem Geschäftsprozesse an die Wertschöpfung gekoppelt sind, erstrecken sie sich über Funktionen und Abteilungen hinweg. Die Hierarchie wird flacher und Schnittstellen werden reduziert. Daraus resultieren ein geringerer Koordinationsaufwand sowie eine Erhöhung der Effizienz.

Grundsätzlich hat die Organisationsstruktur den Prozessen zu folgen, nicht umgekehrt die Prozesse der Unternehmensstruktur. Mit der Einführung von Geschäftsprozessen sollte zugleich ein Veränderungsprozess mit dem Ziel initiiert werden, eine prozessorientierte Aufbauorganisation zu realisieren. Denn nur eine prozessorientierte Aufbauorganisation kann auf Dauer die gewünschte Leistungsfähigkeit sowie die Kundenorientierung sicherstellen.

Praxishinweis

Modellieren Sie zunächst Ihre Geschäftsprozesse und erst danach gestalten Sie Ihre Aufbauorganisation entsprechend den Geschäftsprozessen.

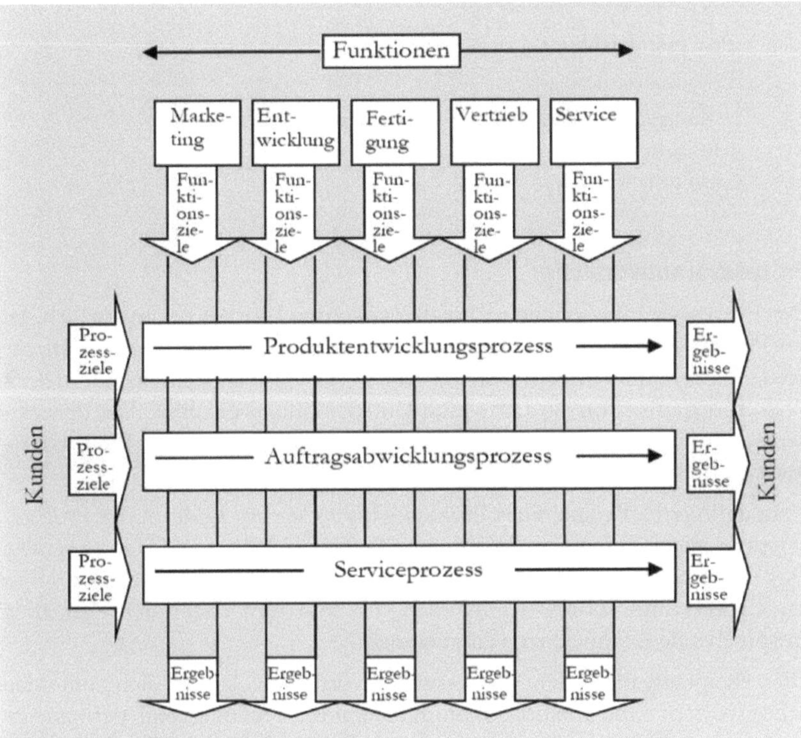

Abb. 20: Funktions- und Prozessziele

3.4.1 Aufteilung der Aufgabenträger in Geschäftsprozessen

Die verschiedenen konkreten Aufgaben der Leitung, Durchführung und Koordination in Geschäftsprozessen werden Personen, Stellen und Gremien übertragen. Mit der Vergabe von Aufgaben und Verantwortung ist die Übertragung entsprechender Befugnisse verbunden, welche für jeden Aufgabenträger in einer Rollenbeschreibung dokumentiert ist. Folgende Aufgabenträger können unterschieden werden:

- Prozessverantwortliche
  - Geschäftsprozessverantwortliche
  - Teilprozessverantwortliche

- Prozessmitarbeiter
- Prozessgremien
  - Management-Team
  - Prozess-Team
  - KAIZEN-Team

Prozessverantwortliche

Der Prozessverantwortliche ist für den gesamten Prozess verantwortlich. Ist ein Prozess in mehrere Varianten segmentiert, so gibt es für jede Variante wieder eine verantwortliche Person. Auf diese Weise entsteht auch in der → **Prozessorganisation** ein Über- und Unterordnungsverhältnis. Die Prozessverantwortlichen vertreten gegenüber ihrer vorgesetzten Stelle ihr Prozessteam.

Vom definierten Beginn eines Prozesses bis zu seinem Ende ist der Prozessverantwortliche für einen effizienten und effektiven Prozessablauf zuständig. Des Weiteren ist er verantwortlich für die Einhaltung der Prozessziele sowie der Prozessverbesserungsmaßnahmen. Er sind ihm daher den Aufgaben entsprechende Kompetenzen einzuräumen.

Die Hauptaufgaben der Prozessverantwortlichen lassen sich mit den Schlagwörtern „Information, Kommunikation, Steuerung und permanente Verbesserung“ beschreiben. Im Innenverhältnis sollte der Prozessverantwortliche weniger die Vorgesetzten-, sondern eher die Moderatoren- oder Coachfunktion einnehmen.

Prozessgremien

Ein Prozessgremium kann aus folgenden Teams bestehen:

- Management-Team;
- Prozess-Team und
- KAIZEN-Team.

Gremien in Geschäftsprozessen

Das Management-Team hat die Aufgabe, prozessübergreifende Fragen und Probleme zu lösen und ist gleichzeitig Bindeglied zwischen Geschäftsleitung, Funktionen und Geschäftsprozessen. Es besteht aus der Geschäftsleitung, den Geschäftsprozessverantwortlichen und den Funktionsverantwortlichen, solange die Funktionsorganisation noch existiert.

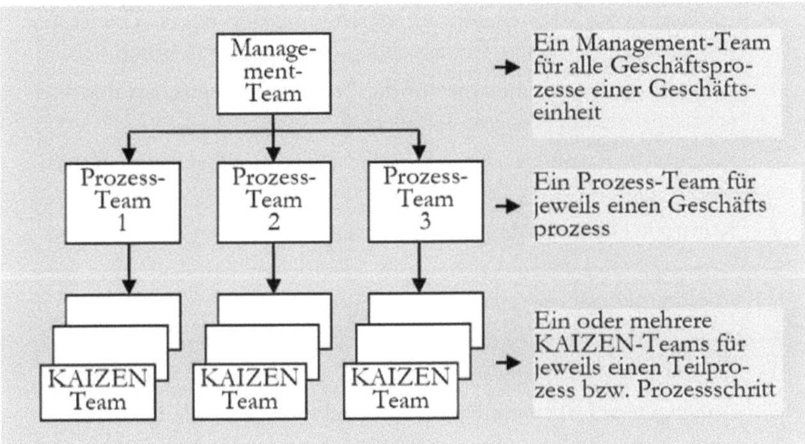

Abb. 21: Gremien in Geschäftsprozessen

Hauptziel des Management-Teams ist eine Leistungssteigerung der Geschäftsprozesse und damit die Effektivitäts- und Effizienzerhöhung.

Das Management-Team nimmt folgende Aufgaben wahr:

- Ableiten der Geschäftsprozessziele aus den Geschäftszielen.
- Vereinbaren von Prozesszielen und -prioritäten zwischen Geschäftsleitung und Geschäftsprozessverantwortlichen (in der Regel einmal jährlich).
- Abgleichen der Geschäftsprozessziele mit den Geschäftszielen bei Zielabweichungen.
- Sicherstellen eines einheitlichen Vorgehens bei der Einführung von Geschäftsprozessen.
- Überwachen der Einführung des Geschäftsprozessmanagements anhand der Ergebnisse von Prozessassessments.
- Diskussion des Leistungsstandes der Geschäftsprozesse anhand der in den Prozessberichten ausgewiesenen Leistungsdaten.

- Feststellen der Ursachen bei Ziel- bzw. Trendabweichung.
- Einleiten prozessübergreifender Maßnahmen zur Korrektur von Zielabweichungen.
- Initiieren von Maßnahmen zur Beseitigung besonders schwieriger Prozessbarrieren unter Einbeziehung der Geschäftsleitung.
- Koordinieren und überwachen der Nahtstellen zwischen den Geschäftsprozessen (Prozess-Landkarte).
- Lösen von Konflikten zwischen Geschäftsprozessen und Funktionen.
- Kontrolle der vom Management-Team veranlassten Maßnahmen.
- Anpassen von Prozesszielen und -prioritäten bei Änderung prozessinterner oder -externer Planungsprämissen.
- Anpassen der Ressourcen bei Änderung von Zielen und Prioritäten der Geschäftsprozesse.
- Aufzeigen des Business Process Reengineering (BRP)-Bedarfs.
- Anstoßen und Kontrolle von BRP-Projekten.
- Entscheiden über die Einführung neuer bzw. die Eliminierung vorhandener Geschäftsprozesse.

Praxishinweis

Ein Management-Team ist immer dann zwingend erforderlich, wenn Geschäftsprozesse und Funktionsorganisation nebeneinander bestehen.

Prozess-Team

Das Prozess-Team stellt ein wichtiges Beratungs- und Koordinierungsgremium für den Geschäftsprozessverantwortlichen dar, welches sich prozessinternen Fragen und Problemen widmet. Mitglieder sind die Geschäfts- und Teilprozessverantwortlichen. Die Aufgaben des Prozess-Teams stimmen weitgehend mit denen des Management-Teams überein. Sie beziehen sich jedoch nur auf einen Geschäftsprozess. Aufgaben des Prozess-Teams sind unter anderem:

- Gestaltung des Prozessablaufs und der Prozessstruktur.

- Definition und Abstimmung der Erfolgsfaktoren und der Mess- bzw. Zielgrößen des Geschäftsprozesses und der Teilprozesse.
- Kontinuierliche Verbesserung des Geschäftsprozesses.
- Regelmäßige Leistungsüberprüfung des Prozesses.
- Ursachenforschung bei Ziel- und Trendabweichungen.
- Einleitung und Überwachung von Maßnahmen zur Korrektur von Zielabweichungen.
- Anpassung der Zielwerte und Prioritäten bei Zieländerungen des Geschäftsprozesses.
- Anpassen der Ressourcenzuteilung bei Änderung von Prozesszielen und -prioritäten oder bei prozessinternen Schwierigkeiten.
- Dokumentation des Geschäftsprozesses und der Rollenbeschreibungen.

Das Prozess-Team beseitigt Probleme und Barrieren, die den gesamten Geschäftsprozess betreffen. Die Total Cycle Time (TCT)-Methode und/ oder Six Sigma kommen dabei als Methode zum Einsatz.

KAIZEN-Team

KAIZEN-Teams setzen sich mit Problemen und Verbesserungsmöglichkeiten auseinander, die einzelne Prozess- und Arbeitsschritte betreffen. Ziel ist die Effizienzsteigerung eines Geschäftsprozesses durch kontinuierliche Verbesserungen der Prozess- und Arbeitsschritte.

Die Aufgaben des KAIZEN-Teams sind unter anderem:

- Analyse und Lokalisierung von Fehlern und Problemen.
- Feststellung der Fehler- und Problemursachen.
- Suche nach Lösungsalternativen.
- Auswahl der optimalen Lösungsalternative.
- Behebung der Problem- und Fehlerursachen.
- Visualisierung der Probleme mit ihren Lösungen.
- Kontrolle der Umsetzung sowie der Wirkung.

- Standardisierung der Lösung bei positiven Erfahrungen.

KAIZEN-Teams bestehen aus Mitarbeitern eines Teilprozesses oder eines Prozessschrittes.

Literaturtipps

Füermann, T./Dammasch, C. (2008): Prozessmanagement. Anleitung zur ständigen Prozessverbesserung, München.

Osterloh, M./Frost, J. (2000): Prozessmanagement als Kernkompetenz. Wie Sie Business Reengineering strategisch nutzen können, Wiesbaden.

Posluschny, P./Treuner, F. (2009): Prozesskostenmanagement. Instrumente und Anwendungen, München, Wien.

Schmelzer, H.J./Sesselmann, W. (2003): Geschäftsprozessmanagement in der Praxis, München, Wien.

Kapitel 4

Möglichkeiten der vertikalen Prozessanalyse

Da für die Prozessabgrenzung auch Informationen über die strategische Ausrichtung des Unternehmens erforderlich sind, ist sie in erster Linie eine Aufgabe, die von der Unternehmensleitung durchzuführen ist. Eine vertikale Prozessuntersuchung sollte dagegen mit Hilfe der die Aktivitäten durchführenden Mitarbeiter, der Kunden sowie externer Beobachter stattfinden.

Zur Durchführung einer Prozessanalyse sind folgende Erhebungsmethoden anwendbar:

- **Sekundäranalysen** bzw. Dokumentationsauswertung, d.h. Auswertungen von vorhandenen Stellenbeschreibungen, Berichten, Protokollen, Statistiken und den Ergebnissen früher durchgeführter (Gemein-)Kostenanalysen und Gemeinkostenwertanalysen.
- **Fremdbeobachtungen**, als Dauerbeobachtung oder als Multimomentaufnahme, d.h. Auswertungen von Arbeitsablaufstudien, Multimomentstudien, Messungen sowie die Anwendung von Zeitrichtwerten.
- **Selbstbeobachtungen** mit anschließender Dokumentation und
- **Befragungen** (Interviews).

Die aufgezählten Methoden unterscheiden sich hinsichtlich des zu betreibenden Aufwandes und der „Genauigkeit" der Analyseergebnisse.

Methoden, die auf der Dokumentation der vertikalen Prozesse durch die durchführenden Mitarbeiter basieren, haben den Nachteil, dass die Ergebnisse verfälscht oder bewusst manipuliert sein könnten. Je nachdem, wieweit die Mitarbeiter über den Zweck der Analyse informiert werden, kann sowohl eine Tendenz zur Ausweitung als auch zur Eingrenzung des eigenen Aufgabengebietes bestehen. Müssen Mitarbeiter beispielsweise befürchten, dass Analyseergebnisse zu Personaleinsparungen bzw. Stelleneinsparungen führen, ist es wahrscheinlich, dass die Bedeutung der eigenen Tätigkeit über eine Vielzahl zu erledigender Prozesse dokumentiert wird. Eine Aufgabeneingrenzung kann das Ergebnis sein, wenn vermutet wird, dass die Analyse Grundlage für eine geänderte Stellenbeschreibung werden könnte.

Praxishinweis

Um Effekte der genannten Art zu vermeiden, ist es empfehlenswert, das Ziel der Analyse ebenso für die Mitarbeiter transparent zu machen.

Der Vorteil in Bezug auf das Kriterium „Detailliertheit der Analyse" durch interne Mitarbeiter besteht darin, dass diese die täglich an ihrem Arbeitsplatz anfallenden Tätigkeiten am besten beschreiben können. Da die Ergebnisse aufgrund der Fülle an Einzeldaten relativ umfangreich sein dürften, wird auch der Zeitaufwand für die anschließende Auswertung dementsprechend hoch sein.

Nachteilig ist, dass durch die Vielzahl der Einzelinformationen häufig der Blick für das Gesamtunternehmen und die Gesamtzusammenhänge fehlt. Besonders bei einem hohen Grad der Aufgabenspezialisierung ist vielen Mitarbeitern nicht klar, welche Auswirkungen bestimmte Bearbeitungsweisen und Arbeitsergebnisse an ihrem Arbeitsplatz auf sich direkt anschließende Prozesse haben. Beispielhaft ist in diesem Zusammenhang das Abstimmungsproblem zwischen Auftragsannahme und Auftragsdurchführung zu nennen.

Das Problem fehlender Sinnzusammenhänge ergibt sich allerdings auch bei einer Prozessanalyse durch externe Beobachter, da reine Beobachtungen, insbesondere bei einer Vielzahl verwaltender Tätigkeiten, keine ausreichende Beurteilung der Aktivitäten zulassen.

In der praktischen Anwendung werden aus den genannten Gründen häufig interne, allerdings nicht direkt an der Prozesserstellung Beteiligte befragt. Dazu eignen sich hierarchisch übergeordnete Stellen, wie z.B. Team- oder Abteilungsleiter. Man kann davon ausgehen, dass die entsprechenden Personen die Abläufe innerhalb ihrer Abteilung mit ausreichendem Detailgrad beschreiben können. Auch auf dieser Ebene ergibt sich die Schwierigkeit, dass damit Prozesse nur innerhalb aufbauorganisatorischer Einheiten erhoben werden, die nicht mit den in der Wertkette ermittelten Leistungsprozessen übereinstimmen müssen.

Praxishinweis

Nach der vertikalen Prozessanalyse – insbesondere wenn sie nach dem beschriebenen Bottom-up-Ansatz erfolgt – sollten Sie eine anschließende Zusammenführung der Aktivitäten zu den horizontalen Prozessen der Wertkette durchführen. Hierzu ist ein Gesamtüberblick über die Abläufe im Unternehmen erforderlich.

Das Ziel des Vorgehens besteht primär darin, Prozesse kundenorientierter auszugestalten. Kundenorientierung kann jedoch genauso dazu beitragen, die relativen Kosten der Prozesse durch steigende Prozessumsätze zu senken. Weiterhin können ebenso die absoluten Kosten sinken, die durch bisher nicht identifizierte, umständliche Prozesse entstanden sind. Das gelingt umso eher, je genauer die Faktoren des Verhaltens der Kunden identifizierbar sind, die für den Faktorverbrauch bei der internen Prozesserstellung wesentlich verantwortlich sind.

Die Auswahl der Prozesse für die vertikale Analyse sollte nicht willkürlich vorgenommen werden. Entscheidungen benötigen Ansätze, die eine Auswahl (vertikal) zu analysierender Leistungsprozesse so ermöglichen, dass die Ziele des Prozessmanagements bestmöglich erreicht werden.

Fallbeispiel

Gliederung des Hauptprozesses Abwicklung Versand in Teilprozesse und ihre zugehörigen Tätigkeiten

Der Hauptprozess „Abwicklung Versand“ könnte beispielsweise in folgende Teilprozesse und ihre zugehörigen Tätigkeiten gegliedert werden:

Teilprozesse
Versandterminierung
Lieferungsbearbeitung
Kommissionierung
Transportdisposition
Warenausgang buchen

Tab. 3: Teilprozesse des Hauptprozesses „Abwicklung Versand“

Teilprozess: Versandterminierung

Tätigkeiten
Berechnung von Transportzeit
Berechnung von Dispositionsdatum
Berechnung von Kommissionierdatum

Tab. 4: Tätigkeiten des Teilprozesses „Versandterminierung“

Teilprozess: Lieferungsbearbeitung

Tätigkeiten
Lieferpapiere erstellen
Nummer der Versandeinheit erstellen

Tab. 5: Tätigkeiten des Teilprozesses „Lieferungsbearbeitung"

Teilprozess: Kommissionierung

Tätigkeiten
Bereitstellung der Ware an Bereitstellplätzen
Entnahme der geforderten Warenmenge
Zusammenführen der Entnahmemengen
Verpacken der Entnahmemengen
Beschickung der Bereitstellplätze mit Nachschub

Tab. 6: Tätigkeiten des Teilprozesses „Kommissionierung"

Teilprozess: Transportdisposition

Tätigkeiten
Routenplanung
Kommunikation mit Logistic Provider
Ladepapiere erstellen
Verladung der Lieferungen

Tab. 7: Tätigkeiten des Teilprozesses „Transportdisposition"

Teilprozess: Buchung Warenausgang

Tätigkeiten
Lagerbuchhaltung aktualisieren
Fortschreibung in der Finanzbuchhaltung

Tab. 8: Tätigkeiten des Teilprozesses „Buchung Warenausgang"

Fallbeispiel

Wie aus einer Tätigkeitsanalyse eine Prozesshierarchie gebildet wird

Die Interviews mit den Kostenstellenleitern Einkauf und Labor haben folgende Ergebnisse erbracht:

Tätigkeiten im Einkauf	
Angebote einholen	12 Minuten
Angebote bearbeiten	28 Minuten
Rechnungen prüfen	10 Minuten

Tab. 9: Tätigkeiten im Einkauf

Tätigkeiten im Labor	
Analysenummer vergeben	2 Minuten
Prüfungen durchführen	33 Minuten
Prüfungen bewerten	10 Minuten
Fehlerklassifizierungen erstellen	10 Minuten
Beanstandungen erstellen	10 Minuten

Tab. 10: Tätigkeiten im Labor

Die Tätigkeiten werden zu Teilprozessen zusammengefasst und die Teilprozesse werden zu einem kostenstellenübergreifenden Hauptprozess (Geschäftsprozess) verdichtet.

Eine dazugehörige Prozesshierarchie könnte wie folgt gebildet werden:

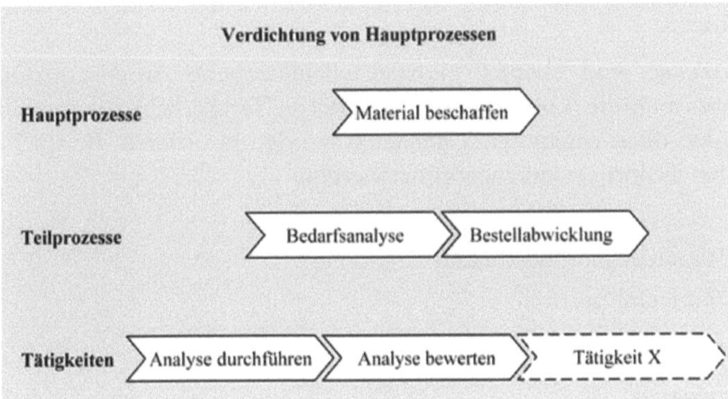

Abb. 22: Wie wird eine Prozesshierarchie gebildet?

4.1 Wie grenzen Sie Prozesse ab?

4.1.1 Was ist ein Prozess?

Ein **Prozess** ist die Zusammenfassung logisch zusammenhängender Arbeitsschritte, die einen bestimmten Input in einen bestimmten Output transferieren. Als Prozess können alle Aktivitäten eines Unternehmens dargestellt werden, wie beispielsweise die Auftragsabwicklung, die Einstellung eines Mitarbeiters oder die Beschaffung von Normteilen. Die Abwicklung eines Prozesses kann sowohl extern, also kundenorientiert, als auch intern, für eine andere Abteilung/Kostenstelle, erfolgen. Die Arbeitsschritte selbst können in einer einzigen Kostenstelle, aber auch kostenstellenübergreifend erfolgen.

Ein Prozess ist die Abfolge von zusammenhängenden Arbeitsschritten, die mit einem bestimmten Input eine bestimmte Leistung erbringen.

Bei der Prozesskostenrechnung greift man auf folgende Gliederung zurück:

Tätigkeit

Tätigkeiten sind die kleinsten erfassbaren Produktionsfaktoren verzehrenden Prozesse einer Kostenstelle. Zum Beispiel sind das:

- Erfassung der Liefermenge
- Qualitätskontrolle

Teilprozess

Teilprozesse sind ebenfalls kostenstellenbezogene Arbeitsvorgänge, die allerdings mehrere von einander abhängige Tätigkeiten zusammenfassen. Die beiden oben genannten Tätigkeiten würden in unserem Beispiel zu den folgenden Teilprozessen zugeordnet werden:

- Wareneingang bearbeiten
- Ware einlagern

Hauptprozess

→ **Hauptprozesse** sind die wesentlichen Arbeitsvorgänge der unternehmerischen Leistungserbringung, die meist kostenstellenübergreifend anfallen, und deshalb in den Hauptprozessen kostenstellenübergreifend erfasst werden. Zum Beispiel sind das:

- Wareneingangsprozess,
- Budgetierungsprozess,
- Liquiditätssicherungsprozess,
- Absatzprozess,
- Beschaffungsprozess,
- Produktentwicklungsprozess,
- Materialbereitstellungsprozess,
- Logistikprozess,
- Produktionsplanungsprozess,
- Produktionsprozess,
- Auftragsabwicklungsprozess,
- Wartungs- und Instandhaltungsprozess,
- Personalentwicklungsprozess,
- Qualitätsplanungsprozess,
- Finanzierungsprozess.

Prozesse – auch als **Arbeitsprozesse** bezeichnet – werden in der wissenschaftlichen Literatur als komplexe menschliche Kombinationsakte von Einsatzgütern zum Zweck der Leistungserstellung definiert. Ein Arbeitsprozess läuft in oder zwischen Unternehmen entweder gereiht oder geschaltet ab und schreitet in Raum und Zeit fort. Damit zeichnen sich Prozesse durch folgende charakteristischen Merkmale aus:

- Sie sind Kombinationsakte von Einsatzgütern.
- Sie sind final determiniert.
- Sie sind dynamisch.
- Sie vollziehen sich innerhalb und zwischen Unternehmungen.

Die notwendigen Einsatzgüter für die Kombinationsakte können materieller und immaterieller Art sein. Unverzichtbar für den Kombinationsprozess ist das immaterielle Einsatzgut menschliche Arbeitskraft.

Diese Kombinationsakte bezeichnen den „Transformationsaspekt von Prozessen". Demnach besitzen Prozesse als zentrale Komponente die Tätigkeit oder Verrichtung bzw. Aktivität. Als weitere Komponenten sind Einsatzgüter in Form von Produktionsfaktoren sowie Ausbringungsgüter für einen Prozessablauf notwendig.

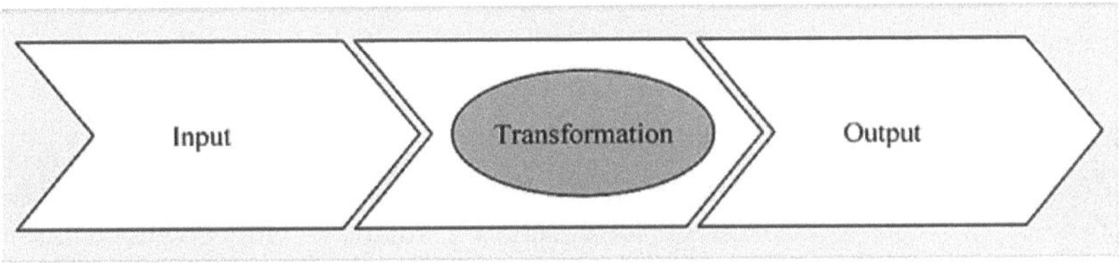

Abb. 23: Was ist ein Prozess?

Prozesse sind final determiniert, d.h. Prozesse sind durch eine bewusste Zwecksetzung, eine Auswahl der geeigneten Mittel sowie eine Realisierung des gesetzten Zweckes gekennzeichnet. Durch sinnvolles Aneinanderreihen einzelner Teilaufgaben wird der Zweck verwirklicht. Dieses Merkmal von Prozessen wird als Verkettung bezeichnet. Verkettung beinhaltet die Vernetzung in dem Sinne, dass Transformationsobjekte zwangsläufig immer gleichzeitig einen Input für nachfolgende Prozesse darstellen.

Damit bestimmt ein Ergebnis bzw. eine Leistung (Zweck) zwangsläufig ursächlich einen Ablauf.

Der ganzheitliche Prozessbegriff berücksichtigt im Gegensatz zur organisationseinheitsbezogenen Funktion, die eine isolierte Unternehmens- bzw. Abteilungssicht auf die Tätigkeit darstellt, die Schnittstellen zu vorhergehenden oder nachfolgenden Aktivitäten.

Die Leitideen für die Verkettung von Transformationsobjekten sind Ziele. Leistungsziele bilden die von einem Teilprozess zu erfüllenden Aufgaben, die durch den nachfolgenden Teilprozess bestimmt werden. Hierin kommt die in der Marketingliteratur geforderte Kundenorientierung zum Ausdruck. Jeder Prozess ist ein Gefüge von Kunden- und Lieferantenbeziehungen, jeder Nachfolger wird als Kunde des vorhergehenden Prozesses betrachtet und bestimmt durch seine Ziele Prozessabläufe im Unternehmen. Konkret bedeutet dieses, dass ein „Pull-Prinzip" ein „Push-Prinzip" ablöst.

Eine Leistungsstelle muss sich vor der Leistungserbringung konkrete Vorstellungen über die Ziele und die Arbeitsweise der nachfolgenden Stufe(n) bilden, um den eigenen Prozess darauf auszurichten. Das Leistungsergebnis bildet dann wiederum den „trigger", d.h. den Auslöser des nachfolgenden Prozesses.

Diese Sichtweise bietet auch einen Ansatzpunkt zur Bewertung innerbetrieblicher Leistungen aus dem Blickwinkel der Leistungsempfänger.

Die Dynamik von Prozessen bringt die durch sie verursachte Bewegung und Veränderung zum Ausdruck. Zwangsläufig ist die Aufeinanderfolge von Aktivitäten mit dem Ablauf von Zeit verbunden, die als knappe Ressource verstanden wird.

Zeit kann als ein Beurteilungsmaßstab für Prozesse herangezogen werden. Ziel ist es – im Sinne des ökonomischen Prinzips – eine größtmögliche Leistung bei gegebenem Zeitbudget bzw. einen minimalen Zeitaufwand bei gegebenem Leistungsniveau zu erreichen.

Die Tatsache, dass sich Prozesse innerhalb und zwischen Unternehmen vollziehen, beinhaltet die Möglichkeit, auch über aufbauorganisatorische Schranken hinaus Abläufe zu gestalten. Dieses gilt allerdings nicht nur innerhalb der Unternehmensgrenzen, sondern auch darüber hinaus, d.h. im Kontakt mit den vor- und nachgelagerten Partnern. Immer dann ist dieses Merkmal von Bedeutung, wenn Einsparungs- oder Verbesserungspotenziale, d.h. relative oder absolute Kostensenkungen, außerhalb des direkten Einflussbereiches des Input beziehenden Unternehmens liegen. Ein wesentlicher Ansatzpunkt zur relativen oder absoluten Kostensenkung besteht darin, die Schnittstellenkomplexität zwischen Unternehmen zu reduzieren und zu gestalten.

Die Schlüssel zum geschäftlichen Erfolg sind Kundenorientierung und Produktivität.

Indikatoren mangelnder Kundenorientierung sind unter anderem:

- unattraktive oder fehlende Produkte,
- vermehrte Kundenbeschwerden,
- nur wenige Neukunden,
- Rückgang der Anzahl der Stammkunden,
- rückläufiger Umsatz,
- sinkender Marktanteil.

Indikatoren einer niedrigen Produktivität sind unter anderem:

- lange Durchlaufzeiten,
- geringe Qualität der Produkte und Leistungen,
- mangelhafte Lieferfähigkeit und Liefertreue,
- langsame Reaktion auf Marktanforderungen.

Ein konsequentes Prozessmanagement bietet Ihnen unter anderen folgende Vorteile:

- Ausrichtung der betrieblichen Prozesse auf die Kundenbedürfnisse,
- Erhöhung der Produktivität,
- absolute oder relative Kostensenkungen,
- zielorientierte Steuerung des Unternehmens,
- permanente Verbesserung der betrieblichen Prozesse.

Offensichtlich gibt es in vielen Unternehmen großen Handlungsbedarf, die Prozesse den gegenwärtigen Anforderungen anzupassen und effizienter zu gestalten.

4.2 Wie identifizieren Sie geeignete Prozesse?

In einem ersten Schritt können alle Prozesse des Unternehmens in einem Prozessgliederungsplan dargestellt werden.

> **Praxishinweis**
>
> Zur Identifizierung sämtlicher Prozesse im Unternehmen kann es hilfreich sein, alle externen und internen Aufträge zusammenzustellen. Beispielsweise können Aufträge von externen Kunden einen Auftragabwicklungsprozess oder Kundendienstprozess auslösen. Aufträge von internen Kunden können beispielsweise einen Produktionsprozess oder Instandhaltungsprozess auslösen. Des Weiteren können zur Identifizierung von bestehenden Prozessen z.B. Organisationspläne, Verfahrensanweisungen oder Checklisten herangezogen werden, da sich hinter diesen benutzten Unterlagen meistens auch ein Prozess verbirgt.

Das prozessorientierte Bild des Unternehmens wird mit Hilfe des Prozessgliederungsplans transparent. Für die Strategieentwicklung und Ausrichtung der Prozesse auf die Kundenbedürfnisse ist die Kenntnis des Prozessgliederungsplans eine wichtige Planungsgrundlage.

Zur Identifizierung der Geschäftsprozesse eines Unternehmens sind zunächst die Zielmärkte und Kundengruppen festzulegen. Es sollten folgende Fragen beantwortet werden:

- Wer sind die Kunden des Unternehmens?
- Auf welche Kundengruppen möchte sich das Unternehmen zukünftig konzentrieren?
- Welche Leistungen erwarten die Kunden heute und zukünftig?
- Welche Leistungen werden den Kunden zurzeit angeboten?
- Welche Leistungen sollen den Kunden zukünftig angeboten werden?
- Wie zufrieden sind meine Kunden mit den zurzeit angebotenen Leistungen?
- Womit und wie erwirtschaften meine Kunden ihre Einnahmen?
- Was sind die kritischen Erfolgsfaktoren und kritischen Prozesse meiner Kunden?
- Welche Probleme beschäftigen die Kunden meiner Leistungen und wie kann das Unternehmen bei der Problemlösung helfen?

Aus der Beantwortung dieser Fragen lassen sich Kenntnisse über die Kundenprobleme und -präferenzen sowie über den Beitrag der Wertschöpfung unserer Leistungen für den Kunden gewinnen. Mit diesen Kenntnissen wird es möglich, die Wertschöpfung der Kunden mit Hilfe der Leistungen des Unternehmens signifikant zu erhöhen.

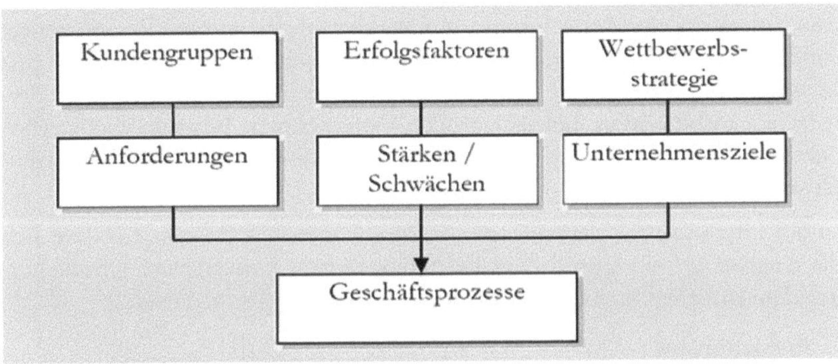

Abb. 24: Definition von Geschäftsprozessen

Das allgemeine Ziel einer Prozessabgrenzung und anschließenden Analyse besteht darin, eine Transparenz über Leistungserstellungsprozesse und Kosten im Unternehmen zu gewinnen. Dabei ist allerdings zu beachten, dass der erforderliche Aufwand des Projektes in einem angemessenen Verhältnis zum erzielbaren Ertrag steht. Konkret dürfen die Kosten einer Prozessabgrenzung und -analyse die dadurch erzielbaren Erlöse bzw. Kosteneinsparungen nicht übersteigen.

Den potenziellen Nutzen bzw. Ertrag einer Analyse zu bewerten, erscheint jedoch im Vorfeld problematisch. Zum einen sind einige der auf den neuen Informationen aufbauenden Maßnahmen erst langfristig wirksam, so dass zunächst ein Zeithorizont für die Beurteilung festzulegen wäre. Zum anderen zielt ein Prozessmanagement nicht ausschließlich auf eine absolute Kostenreduzierung ab, sondern daneben auf eine Leistungsverbesserung. Ein Zusammenhang zwischen Leistungsverbesserung und Kosten ist jedoch nicht immer herstellbar.

Insgesamt können Aufwand und Ertrag eines Prozessmanagements lediglich geschätzt werden. Darüber hinaus können Erfahrungswerte aus anderen Rationalisierungsprojekten beispielsweise aus früheren Gemeinkostenwertanalysen herangezogen werden.

Wenn der Umfang der Analyse den entsprechenden Aufwand und den möglichen Zielerreichungsgrad mitbestimmt, stellt sich zunächst die Frage, ob sich die Prozessanalyse auf die gesamte Wertschöpfungskette oder nur auf Teilbereiche beziehen soll.

Im Sinne des ganzheitlichen Ansatzes des prozessorientierten Managements ist es zweckmäßig, das gesamte Unternehmen einzubeziehen, da es sich dabei idealtypischerweise um ein aufeinander abgestimmtes Prozessgefüge handelt, so dass das Herauslösen einzelner Unternehmensaktivitäten eine künstliche Trennung von Prozessabläufen bedeuten könnte. Dem widersprechen insbesondere bei sehr großen Unternehmen Wirtschaftlichkeitsaspekte, da eine umfassende Unternehmensanalyse sehr zeit- und personalintensiv ist.

In der Literatur wird demzufolge ein Vorgehen vorgeschlagen, bei dem sich die Analyse auf ein spezifisches Leistungssegment konzentriert, um die aufwändige Informationsbeschaffung und -verarbeitung zu reduzieren.

Praxishinweis

Es ist sinnvoll, eine Prozessanalyse mit Pilotprojekten in Bereichen zu starten, in denen vermutlich am schnellsten nennenswerte Erfolge erzielt werden können, um das Management von der Methode zu überzeugen.

Da das Ziel des Prozessmanagements unter anderem in der Kostenbeeinflussung und hier primär der Kostenreduzierung besteht, ist eine Abgrenzung des Untersuchungsbereiches z.B. mittels einer ABC-Analyse mit den Kriterien:

- Möglichkeit hoher Rationalisierungspotenziale und
- hohes (Gemein-)Kostenvolumen

zu erreichen. Indikatoren für ein vermutlich hohes Rationalisierungspotenzial sind Leistungsprozesse, die einen erheblichen oder rasch ansteigenden Prozentsatz der Betriebskosten und -anlagen beanspruchen. Auch Prozesse, die Unternehmenseinheiten gemeinsam mit anderen Einheiten durchführen, die mit anderen Leistungsprozessen verknüpft sind sowie solche, die Konkurrenten anders durchführen, sind Erfolg versprechend.

Generell ist anzunehmen, dass eine zunehmende Diversifizierung eines Unternehmens zu einer steigenden Anzahl durchzuführender und damit auch zu analysierender Prozesse führt. Je eher der Leistungserstellung dabei der Charakter einer Einzelfertigung zukommt, desto größer wird die Anzahl der insgesamt für die betriebliche Leistungserstellung erforderlichen Prozesse sein.

Der Wunsch nach einer hohen Genauigkeit und einer zwangsläufig oft damit verbundenen Detailliertheit der Prozessanalyse korreliert negativ mit einer der Hauptzielsetzung des Prozessmanagements; ein stufenübergreifendes Bild über Leistungserstellungsprozesse im Unternehmen zu erlangen, das eine abteilungs- und funktionsübergreifende Verbesserung von Prozessen ermöglicht.

Zur Einschätzung des Rationalisierungspotenzials eines Prozesses – als Voraussetzung dafür, dass tatsächlich Entscheidungen daraus abgeleitet werden können – fehlen häufig Vergleichswerte bzw. Standardwerte. Diese Vergleichswerte können durch betriebliche oder außerbetriebliche Kennzahlen bereitgestellt werden.

Kosten-, Zeit- und Qualitätskennzahlen sollten möglichst für alle isolierten Prozesse ermittelt werden. Die Messgenauigkeit und Häufigkeit bestimmt sich anhand der Bedeutung der Prozesse für das Unternehmen. Die Auswahl der aus Kundensicht relevanten (Qualitäts-)Kennzahlen muss sich an den wesentlichen Einflussgrößen orientieren, nach denen Kunden die Qualität eines Unternehmens beurteilen. Konkret bedeutet dies, dass ein Unternehmen seine Erfolgsfaktoren identifizieren muss, um anschließend ein sinnvolles Bewertungssystem aus den Kennzahlen aufbauen zu können.

Eine Einschätzung der ermittelten Kennzahlen ist im Rahmen eines innerbetrieblichen oder überbetrieblichen (Zeit-)Vergleichs möglich. Der überbetriebliche Vergleich dürfte jedoch aufschlussreicher sein, da er auch eine Positionierung des eigenen Unternehmens innerhalb der Branche erlaubt, so dass Anregungen für Prozessverbesserungen gewonnen werden können. Hier stellt sich das Problem, die relevanten Informationen zu beschaffen, da bisher bestehende „Vergleichsinstitutionen“ nicht an Prozessen orientiert sind.

Neben den klassischen Betriebsvergleichen hat sich ein neuerer Ansatz des „Kennzahlenaustausches“ etabliert, der sich zur Prozessbewertung eignet: das Benchmarking.

Praxishinweis

Bündeln Sie die Leistungsprozesse so, dass Prozessgruppen entstehen, die bereits hinsichtlich auf möglicherweise zu ergreifende Maßnahmen des Prozessmanagements eine Vorauswahl ermöglichen.

Aus der Vielzahl der Systematisierungskriterien wird hier ein in der Praxis weit verbreiteter Ansatz aufgegriffen. Es handelt sich um die Kategorisierung nach Prozesseigenschaften.

Es werden die Prozesseigenschaften unterteilt in:

vorrangige Prozesseigenschaften:
- Spezifität und
- strategische Bedeutung und

unterstützende Prozesseigenschaften:
- Unsicherheit und
- Häufigkeit eines Prozesses.

Die **Spezifität**, d.h. Einmaligkeit, eines Prozesses kann im Rahmen eines Prozessmanagements als eine entscheidende Prozesseigenschaft gelten. Sie drückt sich in besonderen qualitativen Prozessmerkmalen und -anforderungen aus, die nur für ein spezielles Unternehmen zutreffen. Beispielsweise könnten dies Ansprüche an das Design der Prozesse und Personalqualifikationen sein, die nur im eigenen Unternehmen bestehen. Konkrete Beispiele hierfür könnten spezielle Bearbeitungsverfahren oder Informationssysteme sein, die Herstellungsprozesse bestimmen und nur im eigenen Unternehmen eingesetzt werden.

Es ist zu vermuten, dass hoch spezielle Prozesse aufgrund der häufig damit verbundenen Komplexität eine geringe Kostentransparenz aufweisen und dazu neigen, unwirtschaftlich erbracht zu werden, da die Spezifität bedingt, dass keine oder nur wenige Maßstäbe für einen Leistungsvergleich vorliegen.

Praxishinweis

Spezifische Prozesse werden nur in einem Unternehmen in der speziellen Form durchgeführt. Dies bedingt, dass keine oder nur wenige Vergleichsmaßstäbe der Leistungserstellung vorhanden sind. Daher sind Unwirtschaftlichkeiten bei diesen Prozessen zu vermuten.

Die zweite wichtige Prozesseigenschaft ist die **strategische Bedeutung** eines Prozesses. Grundsätzlich gilt, dass jede strategisch bedeutsame Teilleistung in der Regel auch unternehmensspezifisch ist, aber nicht jeder in der Praxis vorzufindenden spezifischen Leistung ebenfalls strategische Bedeutung beizumessen ist. Mit strategisch bedeutsamen Prozessen gelingt einem Unternehmen die Abhebung von den Wettbewerbern.

Strategisch relevantes Wissen besteht zum Beispiel im Wissen um günstige Einkaufsquellen und Einkaufskonditionen. Dieses Wissen ist umso entscheidender, je intransparenter die Beschaffungsstrukturen sind. Es kann sich jedoch auch in einem guten Standortmanagement zeigen, in der besonderen Qualität der Leistungserbringung oder in der guten Zusammenarbeit mit Lieferanten.

Die Einschätzung eines Prozesses als strategisch bedeutsam hat unmittelbare Auswirkungen auf die Möglichkeiten, Maßnahmen zur Prozessmodellierung zu ergreifen. Hier ist es beispielsweise entscheidend, dass Maßnahmen keine negativen Einflüsse auf das zu erstellende Leistungsbündel haben dürfen, um nicht die Wettbewerbsposition des Unternehmens zu schwächen. Umgekehrt können nicht-strategisch bedeutsame Prozesse ein hohes Potenzial für Einsparungsmöglichkeiten bieten, ohne dass negative Auswirkungen auf das Leistungsergebnis des Unternehmens zu befürchten sind.

Praxishinweis

Mit strategisch bedeutsamen Prozessen hebt sich ein Unternehmen von den Wettbewerbern ab. Daher ist vor jeder Veränderung zu prüfen, ob negative Auswirkungen auf die Wahrnehmung der Kunden zu erwarten sind.

Unsicherheit und Häufigkeit der Prozesse unterstützen die bisher genannten Kriterien. Unsicherheit bezieht sich in erster Linie auf die qualitative, quantitative, terminliche oder technische Änderung, die für einen Prozess erforderlich ist bzw. werden kann. Da in Unternehmen der entscheidende „Unsicherheitsfaktor“ der Kunde ist, unterliegen besonders die Prozesse der Endkombinationsphase Unsicherheiten, die nur bedingt über Kundenbeeinflussung steuerbar sind. Kann ein Prozess ausschließlich in Anwesenheit des Kunden erbracht werden, so wird er fremdbestimmt ausgelöst. Dieses hat Auswirkungen auf vorzuhaltende und damit Kosten verursachende Kapazitäten sowie grundsätzlich auf die Möglichkeiten der Prozessplanung.

Neben extern bedingten Unsicherheiten ergeben sich auch interne Unsicherheiten über Prozessabläufe, die sich aus den Organisationsstrukturen ergeben. Ein entscheidendes Merkmal, welches Unsicherheiten erhöhen könnte, ist die Anzahl der Schnittstellen im Unternehmen, die ein Prozess durchlaufen muss. Prozesse mit vielen Schnittstellen sind lohnenswerte Analyseobjekte im Rahmen eines Prozessmanagements, da die Transparenz mit steigender Schnittstellenkomplexität tendenziell abnimmt.

Die Häufigkeit eines Prozesses drückt sich in der Anzahl der Prozesswiederholungen aus. Häufigkeit und Spezifität eines Prozesses können einander bedingen, d.h. die Spezifität geht oft auch mit einer geringen Häufigkeit des

Prozessablaufs einher. Dennoch steht beim hier gewählten Merkmal der Spezifität die Einmaligkeit eines Prozesses im Vergleich zu anderen Unternehmen im Vordergrund. Ein unternehmensspezifischer Prozess kann demnach durchaus häufig im Unternehmen ablaufen. Oft ist erst ab einer bestimmten Häufigkeit eine tiefer gehende Analyse des Prozesses wirtschaftlich durchführbar. Auch ist die Häufigkeit der Prozesswiederholung ein Indikator für das Einsparvolumen bei Prozessumgestaltungsmaßnahmen.

> **Praxishinweis**
> Ein Indikator für ein hohes Einsparpotenzial bei der Durchführung von Prozessen ist die Häufigkeit der Wiederholungen eines Prozesses. Denn bei einer hohen Häufigkeit führen auch geringe Kostenreduktionen zu einem hohen Einsparpotenzial.

Die Kategorisierung der Prozessleistungsbündel nach Prozesseigenschaften erscheint somit insgesamt geeignet, das Ziel der Vorselektion zu ergreifender Maßnahmen des Prozessmanagements zu erfüllen.

Bevor mit der Prozessanalyse und -modellierung begonnen werden kann, muss als erster Schritt der relevante Unternehmensbereich bestimmt werden. Zum Zweck der Erfahrungssammlung ist es sinnvoll, die Prozessanalyse und -modellierung zunächst nur in einem abgegrenzten Teil des Unternehmens anzuwenden. Dazu bieten sich Bereiche mit großem Kostenvolumen und undurchsichtigen Strukturen an, in denen schnell Erfolge erzielt werden können. Später kann die Prozessanalyse und-modellierung flächendeckend auf alle Unternehmensbereiche ausgeweitet werden.

> **Praxishinweis**
> Grenzen Sie zur Durchführung einer Prozessanalyse und -modellierung in einem ersten Schritt einen Unternehmensbereich ab, der schnelle Erfolge erwarten lässt. Denn schnelle Erfolge motivieren zur Ausdehnung des Prozessmanagements auf weitere Bereiche des Unternehmens.

Außerdem wird die Zielsetzung des Einführungsprojekts bestimmt. Mögliche Zielsetzungen sind Reduktion der Schnittstellen, Kosteneinsparungen, Erhöhung der Leistungsqualität und Abbau von nicht-wertschöpfenden Prozessen. Die Definition von Zielen ist notwendig, um die zu untersuchenden Bereiche und die Strukturierung der Prozesse daraus abzuleiten.

Die hypothetischen Hauptprozesse oder vorläufigen Hauptprozesse dienen der Akzentuierung der verfolgten Hauptziele. Bei der Aufstellung der hypothetischen Hauptprozesse werden die Unternehmensbereiche definiert, die in die Prozessanalyse einbezogen werden sollen. Die Festlegung vorläufiger

Hauptprozesse soll die arbeitsintensive Tätigkeitsanalyse auf eine vorstrukturierte Basis stellen und den Untersuchungsbedarf sachgerecht einschränken. Diese Hypothesen können sich im Laufe der Untersuchung durch erweiterte Erkenntnisse ändern. Weiterhin sind die Hypothesen aus den Umfeldbedingungen und der spezifischen Unternehmensstruktur abzuleiten. Die vorläufigen Hauptprozesse sollten zusammen mit den Verantwortlichen der jeweiligen Kostenstelle erarbeitet werden.

Ein vorläufiger Hauptprozess könnte folgende Struktur haben:

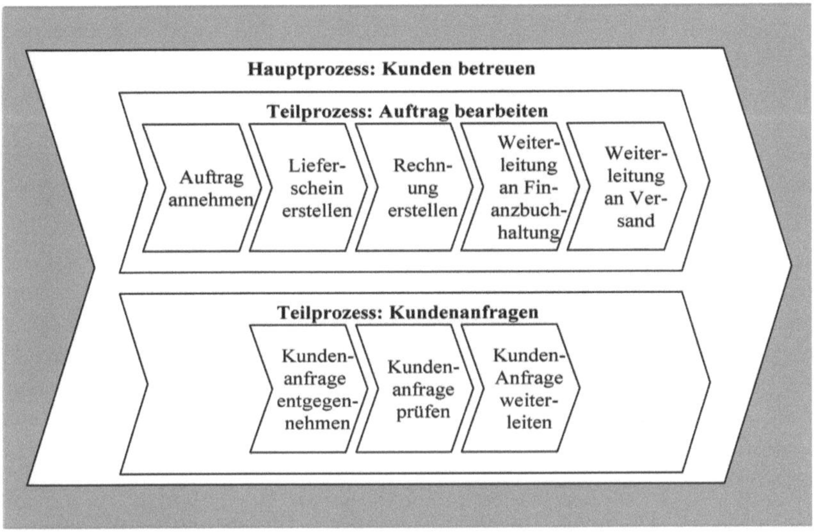

Abb. 25: Beispiel für einen Hauptprozess

Die Einführung eines Prozessmanagements macht es erforderlich, bestehende Leistungsprozesse zu untersuchen. Dazu müssen Prozesse zunächst horizontal abgegrenzt werden. Anschließend können diese Prozesse im Hinblick auf ihre Prozesseigenschaften kategorisiert werden. Hieraus könnten sich bereits Anhaltspunkte ergeben, welche dieser Prozesse in einem weiteren Schritt in Teilprozesse zu zerlegen ist.

Maßnahmen im Rahmen des Prozessmanagements dürfen sich jedoch nicht allein darauf beschränken, die abgegrenzten und weiter zerlegten Ist-Prozesse zu verbessern, sondern diese Prozesse müssen auch grundsätzlich in Frage gestellt werden. Der Denkansatz des Reengineerings kann für das Prozessmanagement genutzt werden, um innovative Prozessstrukturen nicht durch die selektive Wirkung der Erfahrung à priori auszuschließen. Eine Vorselektion durch eine Ist-Prozessanalyse und Hypothesen im Hinblick auf die Kosten- und Leistungswirkungen von Prozessen sind jedoch erforderlich, um eine Kapitulation vor dem Möglichkeitsreichtum zu vermeiden.

4.2.1 Top-down- oder Bottom-up-Ansatz?

Zur Identifizierung von Prozessen können Sie top-down oder bottom-up vorgehen. Der Fokus beim → **Top-down-Ansatz** richtet sich auf die Bestimmung der Strategie des Unternehmens. Ausgangspunkt für die Prozessidentifikation sind die definierten Geschäftsfelder und Kundengruppen mit den Leistungsangeboten und Kundenanforderungen. Es werden zunächst die primären Geschäftsprozesse und die dazugehörigen Teilprozesse identifiziert. Danach erfolgt die Festlegung der sekundären Geschäftsprozesse, die aus den Anforderungen der primären Geschäftsprozesse abgeleitet werden. Eine vertikale Aufgliederung der primären und sekundären Geschäftsprozesse ist der späteren vertikalen Analyse vorbehalten.

In umgekehrter Reihenfolge wird beim **Bottom-up-Ansatz** vorgegangen. Ausgangsbasis sind die Aktivitäten auf unterster Ebene. Nach ablauf- und informationstechnischen Gesichtspunkten werden die Aktivitäten analysiert und zu Teilprozessen und Hauptprozessen bzw. Geschäftsprozessen geordnet und verdichtet. Bei dieser Vorgehensweise wird von der bestehenden Aufgabenverteilung ausgegangen. Eine Selektion der Aktivitäten nach Wertschöpfungsbeiträgen, strategischen Zielen oder Kundenbedürfnissen wird nicht oder nur sehr eingeschränkt vorgenommen.

Hingegen werden beim Top-down-Ansatz die Prozesse aus der Gesamtschau des Unternehmens abgeleitet und strategiekonforme Lösungen erarbeitet. Im Vergleich zum Bottom-up-Ansatz bietet der Top-down-Ansatz folgende Vorteile:

- Geringere Gefahr sich im Detail zu verlieren und im Bestehenden stecken zu bleiben.
- Strategische Ziele und Kundennutzen bilden die Basis zur Identifizierung von Prozessen.
- Möglichkeit eine strategiekonforme Prozessarchitektur abzuleiten.
- Möglichkeit der Aufdeckung von Redundanzen, Überschneidungen und nicht-wertschöpfenden Aktivitäten.

4.2.2 Möglichkeiten der Dokumentation der Analyseergebnisse

Das Ergebnis einer Prozessanalyse besteht je nach der Tiefe der Untersuchung häufig in einer Vielzahl von Informationen über die im Unternehmen ablaufenden Prozesse. Dieses macht eine strukturierte Dokumentation erforderlich, die die anschließende Bewertungs- und Optimierungsphase vereinfachen kann. Hinzu kommt, dass die Analysephase häufig mehrmals durchlaufen werden muss, da entweder der Detailliertheitsgrad erhöht oder aber bestehende Fehler und Ungenauigkeiten direkt korrigiert werden sollen. Eine gezielte Dokumentation ist dann von zusätzlichem Nutzen.

Durch eine Visualisierung der Prozesse kann die Übersichtlichkeit deutlich erhöht werden. Es bieten sich zur Visualisierung der Prozesse verschiedene Möglichkeiten an. Übliche Formen der Visualisierung sind Tabellen und Übersichten (siehe Tabelle 11 und Abbildung 26), in denen weitere Informationen eingetragen werden.

Prozessgliederungsplan		
Prozess	**Teilprozesse**	**Bemerkungen**
Produktentwicklung	Produktbeschreibung Konstruktionsplan erstellen Montagekonzept erstellen Muster fertigen Prüfplan erstellen ...	Vorgehensweise mit anderen Produkten vergleichen
Beschaffung	Angebote einholen Angebote vergleichen Lieferanteneigenschaften erheben und bewerten Bestellung auslösen	Für wiederholte Beschaffung nur den letzten Schritt
Produktionsplanung	...	
Auftragsabwicklung	....	

Tab. 11: Prozessgliederungsplan in Tabellenform

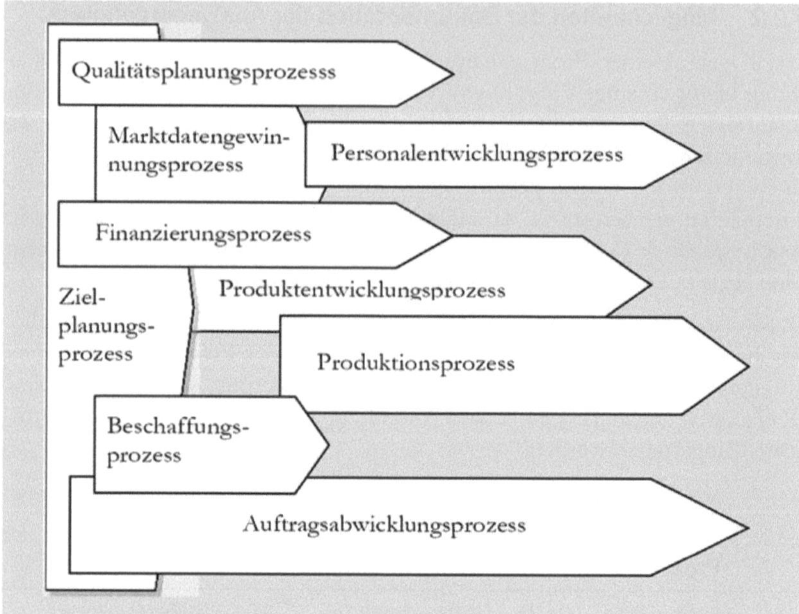

Abb. 26: Prozessgliederungsplan in grafischer Form

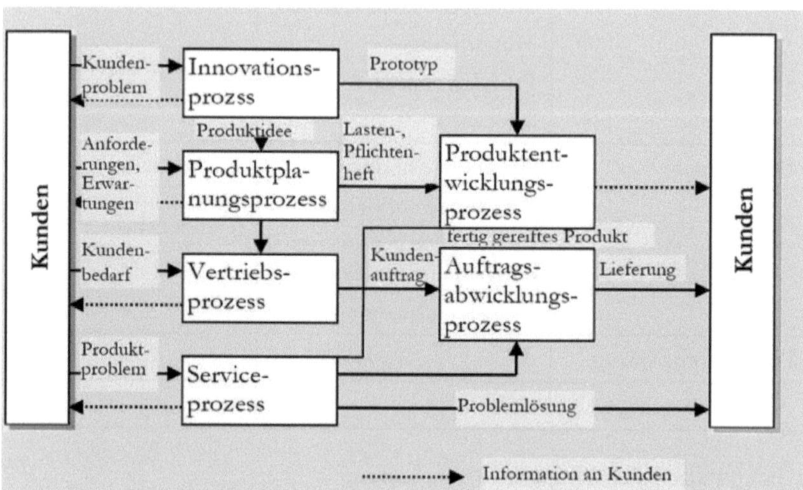

Abb. 27: Prozess-Landkarte

Die Geschäftsprozesse sind miteinander verbunden. Es bestehen Abhängigkeiten, die auf Transfers von Leistungen und Informationen basieren. Diese Wechselbeziehungen sind offen zu legen und zu verstehen, damit sie auf die Unternehmensziele ausgerichtet werden können. Wechselbeziehungen und Schnittstellen können auf der obersten Darstellungsebene der Geschäftsprozesse mit Hilfe einer Prozess-Landkarte (Abbildung 27) abgebildet werden.

Die häufig relativ hohen Aufwendungen für die Analysephase können deutlich reduziert werden, indem bereits zu Beginn feste Abbildungsstandards definiert sowie speziell für diese Zwecke entwickelte EDV-gestützte Werkzeuge eingesetzt werden.

Programme zur Prozessuntersuchung können dabei Unterstützung für folgende Hauptfunktionen bieten:

- Erfassung der Ist-Abläufe in strukturierter Form (einschließlich Datenerfassung),
- grafische Darstellung der Abläufe,
- Auswertung von Ist-Prozessen (Zeiten, Kosten; Häufigkeiten ...),
- Simulation und Analyse von Prozessen,
- Identifikation von Verbesserungspotenzialen,
- Entwurf von Soll-Prozessen (unter Umständen über Simulationsläufe),
- Dokumentation/Datenverarbeitung.

Die Unterschiede der angebotenen Programme bestehen im Wesentlichen darin, ob sie eine umfassende Gesamtmodellierung ermöglichen bzw. erfordern und ob eine echte Prozesssimulation gestattet wird. Daneben grenzen sie sich durch andere Auswertungs- und Analysemöglichkeiten im Detail ab.

Die Auswahl der Programme orientiert sich demzufolge in erster Linie an den individuellen Analysezielen sowie dem finanziellen und personellen Aufwand, den man bereit ist zu investieren. Daneben müssen Firmenstandards für Abbildungen und Dokumentationen sowie der geplante Komplexitätsgrad des zu erstellenden Modells berücksichtigt werden.

Werkzeuge, die hauptsächlich auf die Dokumentation und Analyse von Ist-Prozessen spezialisiert sind, sind in der Regel relativ überschaubar, womit auch die Einarbeitungszeit deutlich reduziert wird.

Programme, die eine Modellierung des gesamten organisatorischen Systems erfordern bzw. ermöglichen sowie Abläufe simulieren können, weisen eine entsprechend hohe Komplexität auf. Demzufolge entstehen sowohl für die Anschaffung als auch die Einarbeitung in die Programmnutzung deutlich höhere Kosten.

Es sind folgende Anforderungen an die Prozessanalysewerkzeuge zu stellen:

- Offenheit des Systems und Standards für den Informationsaustausch,
- leistungsfähige Grafikdarstellungen,
- einfache Handhabbarkeit,
- redundanzfreie Informationsverwaltung,
- Unterstützung von Analyseteams (Mehrplatzfähigkeit),
- Möglichkeit zu Werkzeugerweiterungen,
- Möglichkeit zu Berechnungen und Auswertungen,
- Simulation der Abläufe bei sehr komplexen Abläufen.

Die Ergebnisse der Prozessanalyse und -dokumentation können über die Nutzung für das Prozessmanagement hinaus auch für die Vorbereitungen der Qualitätsdokumentation, für Aufgaben- und Stellenbeschreibungen der Personalabteilung oder für Business-Process-Reengineering-Projekte genutzt werden, so dass die an das Instrument gestellten Anforderungen ebenso darauf abgestimmt sein sollten.

Prozessdokumentationsprogramme sind in der Lage, eine Vielzahl an Detailinformationen überschaubar zu machen, können aber nicht selbständig Prozessmodelle entwickeln. Aus diesem Grunde kann es in der Startphase zur Prozessanalyse sinnvoll sein, zunächst ohne EDV mit Metaplan-Methoden oder ähnlichen Techniken zu arbeiten, bis eine erste Prozessbeschreibung entstanden ist. Anschließend können diese Informationen in ein EDV-gestütztes Werkzeug eingegeben und dann den Beteiligten zur Validierung vorgelegt werden.

Literaturtipps

Füermann, T./Dammasch, C. (2008): Prozessmanagement. Anleitung zur ständigen Prozessverbesserung, München.

Perlitz, M./Offinger, A./Reinhard, M./Schug, K. (1996): Reengineering zwischen Anspruch und Wirklichkeit: Ein Managementansatz auf dem Prüfstand, Wiesbaden.

Posluschny, P./Treuner, F. (2009): Prozesskostenmanagement. Instrumente und Anwendungen, München, Wien.

Schmelzer, H.J./Sesselmann, W. (2003): Geschäftsprozessmanagement in der Praxis, München, Wien.

Kapitel 5

Prozesscontrolling

Prozessmanagement umfasst nicht nur die einmalige bzw. langfristig wiederholte, tief greifende Neustrukturierung bzw. -modellierung im Sinne des Reengineering, sondern auch die kontinuierliche Prozessverbesserung. Diese setzt ein entsprechendes → **Prozesscontrolling** voraus, das sich an den strategischen Wettbewerbsfaktoren Zeit, Kosten, Qualität und Flexibilität orientiert. Wettbewerbsvorteile resultieren aus den von Kunden wahrgenommenen Preis-Nutzen-Verhältnisse der angebotenen Produkte. Eine positive Wahrnehmung der eigenen Leistungen durch die Kunden kann gegenüber den Wettbewerbern nur im Rahmen einer effektiven und gleichzeitig effizienten Leistungserstellung erreicht werden.

Abbildung 28 zeigt die Aufgaben und Komponenten des Prozesscontrollings:

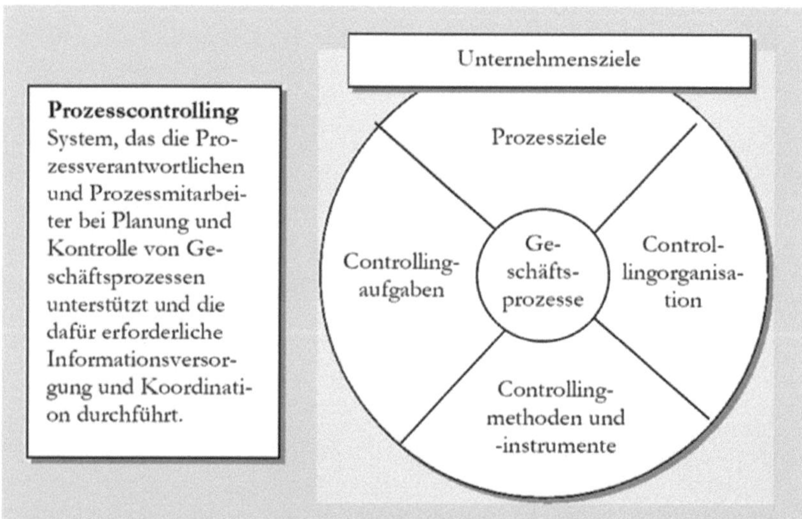

Abb. 28: Aufgaben und Komponenten des Prozesscontrollings

5.1 Wie werden Prozesse bewertet?

Das Ziel einer Prozessbewertung liegt darin, den Beitrag eines Prozesses zur Leistungserstellung eines Unternehmens bzw. seinen Anteil an den entstandenen Kosten zu ermitteln. Dazu benötigt die Unternehmensleitung Informationen über ablaufende oder geplante Prozesse, um sie anschließend einer absoluten Bewertung oder aber einer relativen Bewertung im Rahmen eines Prozessvergleichs zu unterziehen. Dazu müssen zunächst die möglichen Bewertungsebenen isoliert werden.

Prozesse sind charakterisiert durch einen (menschlichen) Kombinationsakt von Einsatzgütern zum Zweck der Leistungserstellung, der in Raum und Zeit fortschreitet. Da es sich dabei meist um verschiedenartige Einsatzgüter handelt, wird eine Vergleichbarkeit von Prozessen in der Regel über eine monetäre Bewertung erreicht. Diese Bewertung setzt aber voraus, dass im Vorfeld Mengengrößen erfasst wurden, die erst im folgenden Schritt mit Geld bewertet werden. Demzufolge hat grundsätzlich jeder Prozess eine Wert- sowie eine Mengengröße.

Abbildung 29 fasst die Bewertungsdimensionen für Prozesse zusammen:

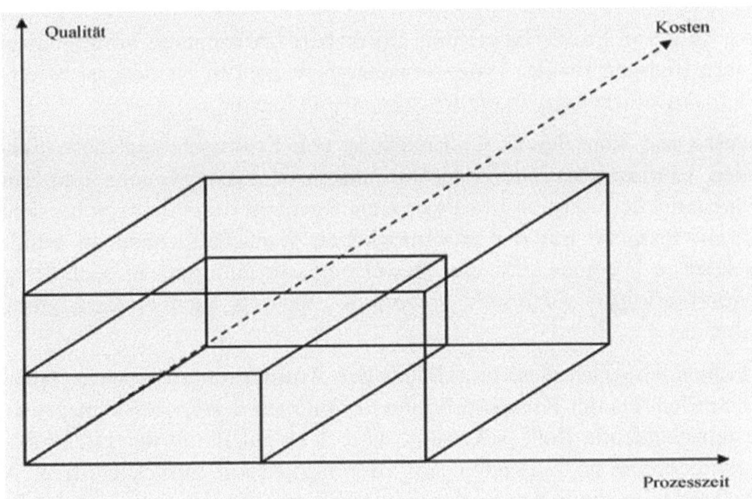

Abb. 29: Bewertungsdimensionen für Prozesse

Bei einer Einzelbetrachtung der Ebenen Kosten, Zeit und Qualität treten Zielkonflikte auf, da die Ebenen weder eindeutig voneinander abgrenzbar noch unabhängig voneinander sind. Beispielsweise kann zusätzliche Qualität mit steigenden Kosten und längeren Durchlaufzeiten verbunden sein. Eine Reduzierung der Durchlaufzeiten ist häufig mit einer Senkung der entstehenden Kosten verbunden, da eine bestimmte bewertete Zeit und Qualität in einer Kostengröße enthalten sind.

Dennoch soll die Trennung der Dimensionen aufrechterhalten werden, um die Bedeutung dieser Dimensionen für ein Prozessmanagement zu unterstreichen. Das Ziel muss darin bestehen, das Gesamtsystem der drei Ebenen zu optimieren. Da es sich bei den Kosten bereits um eine bewertete Größe handelt, während Qualität und Zeit zunächst qualitative Größen ohne Bewertung in Geld darstellen, müssen auch für diese Größen Operationalisierungsmaßstäbe gefunden werden. Beide Maße lassen sich dabei unter anderem ebenfalls im Hinblick auf ihre Kostenwirkung beurteilen, so dass eine Reduzierung auf diese Bewertungsdimension grundsätzlich möglich ist.

5.2 Anforderungen an Instrumente zur Prozessbewertung

Bevor nun zur Prozessbewertung einsetzbare Instrumente vorgestellt und auf ihre Eignung für das Prozessmanagement geprüft werden, ist es erforderlich, Anforderungen an die Instrumente abzuleiten.

Prozesse und Kapazitäten zur Erstellung von Prozessen sind die entscheidenden Einflussgrößen für den Produktionsfaktorenverbrauch und damit die entstandenen Kosten. Ein Prozessmanagement muss demzufolge darauf abzielen, Prozesse mit der größtmöglichen Wirtschaftlichkeit zu erfüllen. Das setzt auch voraus, dass eine Bewertung sowohl input- als auch Output orientiert erfolgen sollte, d.h. sowohl Kosten- als auch Nutzenmaßstäbe beinhaltet.

Im Folgenden sollen diese grundsätzlichen Anforderungen zunächst spezifiziert werden. Da der Kostenrechnung im Rahmen des Prozessmanagements eine entscheidende Rolle zukommt, wird dazu auf die in der Literatur zur Kostenrechnung zu findenden Anforderungskataloge zurückgegriffen. Anschließend wird die Relevanz der wesentlichen Anforderungen für das Prozessmanagement geprüft.

Für alle denkbaren Managementinstrumente, die Kosten- und Leistungsinformationen bereitstellen können, muss gelten, dass sich die zur Verfügung gestellten Daten an dem Informationsbedarf der Empfänger orientieren sollten. Dieses Kriterium kann deshalb auch als generelle Anforderung an ein Informationsinstrument interpretiert werd

Bei der Bewertung von Prozessen sind sowohl die Dimension des Ressourcenverbrauchs als auch die des Nutzens der Leistungen zu betrachten. Als generelle Anforderung an die zu generierenden Daten gilt, dass sie sich an den Informationsbedarf der Empfänger orientieren und eine Entscheidungsrelevanz beinhalten.

Ein Informationsinstrument, das sich an seinem Empfänger orientiert, unterstützt mit seinen Daten konkrete Entscheidungssituationen im Unternehmen und zeichnet sich nicht allein durch die Menge der generierten Daten aus.

Daten sind entscheidungsrelevant, wenn sie:

- entscheidungsspezifisch sind, d.h. allein und konkret dem Entscheidungsobjekt zugeordnet werden können und
- veränderbar sind, d.h. sich mit der Variation des Entscheidungsobjektes verändern;
- zukünftige Entscheidungen unterstützen können und
- dem Prinzip der Informationsökonomie gehorchen, d.h. die Kosten der Informationsgewinnung dürfen nicht höher sein als der Nutzen, der aus diesen Informationen gezogen werden kann.

Die folgende Abbildung gibt einen Überblick über die hier zu überprüfenden Anforderungen an Instrumente zur Prozessbewertung.

Anforderungen im Hinblick auf das Bewertungsobjekt

- Betriebliche und überbetrieblich ablaufende **Prozesse**.

Anforderungen im Hinblick auf das Bewertungsergebnis

- **Entscheidungsrelevanz der Daten**, d.h. der ermittelte Wert muss einem Prozess eindeutig zuzuordnen und mit diesem veränderbar sein. Die Bewertung muss dem Prinzip der Informationsökonomie entsprechen.
- **Nutzungsmöglichkeit zur Wirtschaftlichkeitskontrolle** der Prozessrealisation bei bestehenden Kapazitäten
- Hinweise zur **Anforderungsgerechtigkeit** erstellter Prozesse.
- Anregungen zur **Prozessneugestaltung**.

Abb. 30: Anforderungen an Instrumente zur Prozessbewertung

Im Folgenden werden Bewertungsinstrumente vorgestellt und anhand der Kriterien beurteilt.

5.3 Strategische Kostenanalyse nach Porter

Die strategische **Kostenanalyse** Porters dient dazu, die im Rahmen der Wertkettenanalyse identifizierten Leistungsprozesse einer Bewertung zu unterziehen. Sie ermöglicht es, eine Vorselektion der Prozesse, die einer eingehenden Untersuchung unterzogen werden sollen, durchzuführen. Sie soll an dieser Stelle als Bewertungsinstrument vorgestellt werden, da die Leistungsprozessbewertung nach den bereits vorgeschlagenen Auswahlkriterien der Kostenhöhe bzw. des vermuteten Rationalisierungspotenzials erfolgt ist.

Zur Bewertung der Kette und ihrer einzelnen Leistungsprozesse entwickelte Porter sowohl einen quantitativen als auch einen eher qualitativen Ansatz, die beide zunächst eine grobe Einordnung der Bedeutung der einzelnen Glieder für das Unternehmen zum Ziel haben. Bei der Bewertung handelt es sich dementsprechend zunächst lediglich um eine relative Bewertung.

Bei einem eher qualifizierenden Ansatz zur Gewichtung wird versucht, die Aufmerksamkeit, die den Kategorien gewidmet wird, ins Verhältnis zu setzen. Ein Indikator dafür ist beispielsweise, inwieweit durch die abgegrenzten Kategorien Managementkapazität gebunden ist. Anhaltspunkte können die hierarchische Einordnung eines Leistungsprozesses oder die Zahl der Sitzungen, die diesem Prozess gewidmet wird, bieten.

Ein qualitativer Ansatz birgt die Gefahr, dass zufälligen aktuellen Themen strategische Bedeutung beigemessen wird. Daneben kann eine gegebene organisatorische Einordnung eines Prozesses lediglich über die Entstehungsgeschichte und gewachsenen personellen Zuständigkeiten Aussagen machen, nicht jedoch über deren strategische Bedeutung.

> **Der von Porter entwickelte qualitative Ansatz ist nicht geeignet, die strategische Bedeutung eines Prozesses zu bestimmen, da die Bindung von Managementkapazitäten oder die Anzahl der Sitzungen keine geeigneten Indikatoren für die strategische Bedeutung eines Prozesses sind.**

Ein eher quantifizierender Gewichtungsansatz besteht darin, den relativen Anteil der einzelnen Leistungsprozesse am Ressourcenverbrauch bzw. an der Wertschöpfung des Unternehmens zu ermitteln. Ihm wird hier die größere Bedeutung beigemessen. Porter entwarf dazu Handlungsanweisungen für eine strategische Kostenanalyse. Sie wurde als systematischer Bezugsrahmen entwickelt, um die im Rahmen seiner Basisstrategie des „Kostenvorsprungs" bzw. der Kostenführerschaft erforderlichen Kosteninformationen zu gewinnen. Das Ziel der Prozessbewertung ist demzufolge vorgegeben.

Porter bewertet ausschließlich nach (relativen) Kostengrößen. Dennoch werden Leistungsunterschiede in den Fällen untersucht, in denen sich beispielsweise große Abweichungen zur Konkurrenz ergeben. Daneben setzt auch die Strategie der Kostenführerschaft einen bestimmten Mindestleistungsstandard voraus, der als gegeben angenommen wird, so dass implizit ebenso die Qualitätsdimension enthalten ist.

Die Analyse baut auf der Wertkette des Unternehmens auf und ordnet den abgegrenzten horizontalen Prozessen Anlagen und Kosten zu. Sie vollzieht sich in folgenden Schritten:

1. **Die richtige Wertkette ermitteln und ihr laufende Kosten und Anlagen zuordnen.**
2. **Die Kostenantriebskräfte jeder Wertaktivität und deren Wechselwirkungen diagnostizieren.**
3. **Die Wertketten der Konkurrenten ermitteln und deren relative Kosten sowie die Quellen von Kostenunterschieden feststellen.**
4. **Eine Strategie zur Verbesserung der relativen Kostenposition durch Kontrolle der Kostenantriebskräfte oder Neustrukturierung der Wertkette und/oder der nachgelagerten Wertaktivitäten entwickeln.**
5. **Sicherstellen, dass Bemühungen um Kostensenkungen die Differenzierung nicht beeinträchtigen oder hier eine bewusste Entscheidung treffen**
6. **Die Kostensenkungsstrategie auf ihre Dauerhaftigkeit hin überprüfen.**

Abb. 31: Ablauf der Kostenanalyse nach Porter

Der Ablauf der Kostenanalyse zeigt bereits, dass die Zielsetzung über eine reine Bewertung von Prozessen hinausgeht.

Ausgangspunkt der Überlegungen Porters ist, dass jedem Leistungsprozess Betriebskosten und Betriebsanlagen in Form von Anlagevermögen und freiem Betriebskapital sowie zugekaufte Inputs zuzuordnen sind. Dazu ist eine Modifizierung der Wertkette nach Kostengesichtspunkten erforderlich. Anschließend ordnet man Betriebskosten denjenigen Aktivitäten zu, bei denen sie entstehen, Anlagen den Aktivitäten, die ihren Einsatz erforderlich machen.

Abbildung 32 zeigt vereinfacht eine mögliche Zuordnung der Betriebskosten für ein Unternehmen.

Betriebskosten
Unterstützende (sekundäre) Aktivitäten: Unternehmensinfrastruktur Verwaltung, Finanzierung, Personalwirtschaft 20 %
Anfragen bearbeiten 1 %
Auftragsannahme durchführen 5 %
Auftragsdaten bearbeiten 10 %
Aufträge durchführen 59 %
Auftragsdurchlauf steuern und dokumentieren 4 %
Warenauslieferung durchführen 1 %

Abb. 32: Beispiel einer Betriebskostenzuordnung

Ist die Wertkette erstellt und die Zuordnung der Kosten und Anlagen zu den Wertaktivitäten abgeschlossen, soll bereits eine erste Grobanalyse erfolgen, die Kostensenkungspotenziale identifiziert.

Um eine eindeutigere Beurteilung vornehmen zu können, sind zusätzliche Kennzahlen heranzuziehen, die die relative Positionierung der Daten des eigenen Unternehmens ermöglichen.

Anschließend müssen unternehmensrelevante kostenwirksame Strukturfaktoren gesucht werden, die Porter als Kostenantriebskräfte bezeichnet.

Unternehmensindividuelle Kostenantriebskräfte finden sich:

- intuitiv, wenn die ökonomische Struktur eines Leistungsprozesses untersucht wird,
- durch Überprüfung der eigenen internen Erfahrung (Zeitvergleiche),
- durch Gespräche mit Sachverständigen und
- mittels eines Vergleichs mit den Kosten der Konkurrenz.

Die Zuordnung von Kosten und Anlagen zu einer Wertkette und die anschließende Ermittlung der Kostenantriebskräfte kann sowohl für das Unternehmen als Ganzes als auch für einzelne Segmente vorgenommen werden.

In Handelsunternehmen bietet es sich beispielsweise an, Betriebstypen zu differenzieren, da dieses Strukturmerkmal die deutlichste Auswirkung auf das Prozessgefüge und die Kostenstrukturen besitzt. Eine Kostenantriebskraft für den Leistungsprozess „Waren verwalten und steuern" könnte beispielsweise die Anzahl der (unterschiedlichen) Handelswaren sein, die ein Handelsunternehmen im Sortiment führt. Dieses gilt umso eher, je differenzierter die Anforderungen sind, die die einzelnen Waren an das Handling stellen.

5.4 Kostenrechnerische Instrumente zur Prozessbewertung

5.4.1 Die Prozesskostenrechnung

Die **Prozesskostenrechnung** erscheint als besonders geeignetes Instrument zur Prozessbewertung, da die Besonderheit darin liegt, dass die Verrechnung von Kosten nicht über Kostenstellen und die dort traditionell wertmäßig ermittelbaren Bezugsgrößen erfolgt, sondern über abgegrenzte Prozesse und deren mengenmäßige Wiederholungen. Damit stellt sie eine Modifikation der Vollkostenrechnung dar, die Prozesse als Bewertungsobjekt isoliert.

Der Schwerpunkt der Betrachtung einer Prozesskostenrechnung ist ein organisatorischer. Es soll eine horizontale Sichtweise des Unternehmens betont werden, um der durch den Taylorismus bedingten Zerschneidung der Abläufe in der Praxis entgegenzutreten.

Hauptanliegen der Prozesskostenrechnung ist es, → **Cost Driver** (Kosteneinflussgrößen) zur Analyse des wachsenden Gemeinkostenblocks bzw. zur effizienten Analyse des Gemeinkostenbereichs zu ermitteln.

Als Rechnungsziele werden genannt:

- die Abbildung des indirekten Leistungsbereichs, d.h. der Leistungsbereiche außerhalb der „Produktion",
- die Bereitstellung von Kosteninformationen für die langfristige Produkt- und Programmplanung und
- die Bereitstellung von Kosteninformationen für die Kontrolle der Wirtschaftlichkeit im indirekten Leistungsbereich.

Durch die Berücksichtigung der Abhängigkeiten zwischen einzelnen Abteilungen (beruhend auf den bestehenden Formen der Arbeitsteilung) soll insgesamt eine Ergebnisverbesserung ermöglicht werden.

Anwendungsraum der Prozesskostenrechnung war ursprünglich der administrative Bereich von Industrieunternehmen; sie kann jedoch auch in Dienstleistungsbereichen eingesetzt werden. Innerhalb dieser Bereiche zielt sie darauf ab, repetitive, strukturierte Abläufe abzubilden. Sie eignet sich nicht für die Untersuchung innovativer und dispositiver Tätigkeiten, da diese Tätigkeiten von Fall zu Fall unterschiedlich ausfallen und demzufolge keine mengenmäßigen Wiederholungen zu beobachten sind. Diese Prozesse sind keiner operationalen Analyse zugänglich.

Die Prozesskostenrechnung ist kein eigenständiges Kostenrechnungssystem. In der Mehrzahl der Darstellungen zur Prozesskostenrechnung werden Unternehmen mit Kostenstellen vorausgesetzt, die nach dem Verrichtungsprinzip gebildet wurden.

Bei der Prozesskostenrechnung handelt es sich um ein Rechnungssystem, das sich an betrieblichen Prozessen ausrichtet, damit erscheint sie zunächst geeignet, zumindest innerbetriebliche Prozesse zu bewerten. Informationen über überbetriebliche Prozesse werden nicht erhoben, so dass auch keine Bewertung stattfinden kann.

Innerhalb der Prozesskostenrechnung wird versucht, entstehende Kosten auf Prozesse zu verteilen, um nicht Produkte, sondern Prozesse bewertbar zu machen. Damit ist es z.B. grundsätzlich möglich, die → **Kostentreiber** und Kosten des Prozesses „Bestellvorgang“ zu ermitteln. Der Anwendungsbereich wird jedoch auf wiederholbare Prozesse eingeschränkt. Dennoch erfüllt das Instrument zunächst formal die Anforderungen an das Bewertungsobjekt.

> **Die Prozesskostenrechnung ist formal ein geeignetes Instrument zur Bewertung von innerbetrieblichen Prozessen, da sie Kosten über abgegrenzte Prozesse und deren mengenmäßige Wiederholungen verrechnet. Der Anwendungsbereich ist eingeschränkt auf repetitive, strukturierte Prozesse.**

Das Bewertungsergebnis ist differenziert zu beurteilen.

Bezüglich der Entscheidungsrelevanz der Daten besteht eines der Kernprobleme bei der Anwendung der Prozesskostenrechnung darin, Bezugsgrößen zu finden, die Leistungen darstellen und verrechnen können sowie laufend erfassbar sind. Die Qualität der Bezugsgrößen (Kostentreiber) determiniert die Güte der Abbildung der Kosten- und Leistungsbereiche.

Solange keine Trennung in beeinflussbare und nicht-beeinflussbare Kosten stattfindet, ist es problematisch von arbeitsanfallproportionalen Kosten auszugehen. Denn dann bleibt unklar, ob der Umfang der ausgewiesenen Kostenänderung tatsächlich auftritt oder nur zu einer verringerten Nutzung der Potenziale führt. Es handelt sich nach wie vor um rechnerische Größen, die in der Regel nicht kontinuierlich pro Prozess anfallen und häufig lediglich in Intervallen abbaubar sind.

Inwieweit mit der Prozesskostenrechnung eine Wirtschaftlichkeitskontrolle möglich ist, ist von der Art der Kostenplanung abhängig. Die dem Verursachungsgedanken entsprechende analytische Kostenplanung setzt eine kostenaufwändige arbeits- und funktionsanalytische Betrachtung der identifizierten Tätigkeiten und Aktivitäten voraus. Dazu kann zum Beispiel auf (externe) Kennzahlen oder Schätzungen für Standardarbeitszeiten zurückgegriffen werden.

Praxishinweis

Vereinfachungen der analytischen Kostenplanung wie zum Beispiel die ausschließliche analytische Planung der bedeutendsten Kostenart Personalkosten ist abzulehnen, da dadurch die Güte der Planwerte beeinträchtigt wird. Eine Fortschreibung von Budgetwerten verhindert, dass eine Wirtschaftlichkeitskontrolle der Kostenstellen überhaupt möglich ist. Daneben wird dadurch das Ziel, eine verbesserte Transparenz betrieblicher Prozesse zu erhalten nicht oder nur eingeschränkt erreicht, da keine intensive Auseinandersetzung mit betrieblichen Abläufen stattfindet.

Da sich die Prozesskostenrechnung lediglich mit bestehenden Prozessen und Strukturen auseinandersetzt und versucht, diese abzubilden, vermittelt sie wenige oder keine Anregungen für Prozessinnovationen. Sie kommt jedoch der Forderung entgegen, Kosteninformationen nicht routinemäßig, ohne konkreten Entscheidungsanlass zu gewinnen und entspricht damit den Ansprüchen der Informationsökonomie.

Die Mehrzahl der in der Literatur zu findenden Anwendungsbeispiele bezieht sich auf den Beschaffungsvorgang, die Auftragsabwicklung im Unternehmen und auf den industriellen Vertriebsbereich. Hier ist auch eine Vielzahl von Routinevorgängen, d.h. repetitiven Tätigkeiten zu identifizieren, für die eine plausible Bewertung möglich ist. Gelingt es in Unternehmen, proportionale Einflussgrößen zu finden und werden darüber hinaus die Kosten analytisch geplant, so dass ebenfalls Mengenstrukturen festgelegt werden können, kann die Prozesskostenrechnung zu einer erhöhten Transparenz der untersuchten Bereiche beitragen.

Die Prozesskostenrechnung ermöglicht eine plausible Bewertung von Prozessen, wenn es sich um repetitive Tätigkeiten handelt und proportionale Kosteneinflussgrößen identifiziert werden.

5.4.2 Die Grenzplankosten- und Deckungsbeitragsrechnung auf Teilkostenbasis

Die Grenzplankostenrechnung Kilgers und Relative Einzelkosten- und Deckungsbeitragsrechnung nach Riebel gehören zu den Teilkostenrechnungssystemen, die aus der Kritik an der Vollkostenrechnung entstanden. Da sie auf eine Schlüsselung von Gemeinkosten nach nicht dem Verursachungsgedanken entsprechenden Schlüsseln verzichten, sind die ermittelten Ergebnisse grundsätzlich entscheidungsrelevant.

Die Grenzplankosten- und Deckungsbeitragsrechnung nach Kilger ist ein ursprünglich für Produktionsbetriebe entwickeltes Rechnungssystem und eher an den kurzfristigen Entscheidungen der Planung und Steuerung von Produktionsmengen bzw. Produktionsprozessen innerhalb gegebener Kapazitäten orientiert. Dieses ist auf den Entstehungszeitraum der meisten Kostenrechnungssysteme auf Teilkostenbasis zurückzuführen, in denen sich die Zusammensetzung des Fertigungs- und Absatzprogrammes nur langsam über mehrere Perioden veränderte. Die Programmhomogenität rechtfertigt auch die Annahme, dass die Beschäftigung in der Produktion die wichtigste Einflussgröße für alle Einsatzgüterverbräuche darstellt.

Differenzierte Kundenwünsche, Wettbewerbsdruck und eine insgesamt gewachsene Dynamik der Umwelt erfordern eine schnellere Anpassung des Leistungsprogramms. Die Ausgangsbedingungen der Grenzplankostenrechnung treffen damit nicht mehr pauschal zu. Die Grenzplankostenrechnung soll dennoch auf ihre Eignung zur Prozessbewertung geprüft werden, da die bereits vorgestellte Prozesskostenrechnung häufig auf Ergebnisse der Grenzplankostenrechnung zurückgreift.

Das Grenzplankosten- und Deckungsbeitragsrechnungssystem Kilgers ist charakterisiert durch eine strikte Trennung in (in Bezug auf die Beschäftigung) fixe und variable Kosten, die in der Kostenartenrechnung vorzunehmen ist. Lediglich variable Kosten werden auf die Kostenträgereinheit zugerechnet.

Allgemeines Ziel der Rechnung ist es, wesentliche Einflussfaktoren auf die betrieblichen Kosten durch die Bestimmung von detaillierten Bezugsgrößen abzubilden. Kilger verzichtet bewusst auf den Begriff Gemeinkosten und ersetzt ihn durch „über Kostenstellen verrechnete Kosten (Kostenstellenkosten)" Damit will er den Eindruck vermeiden, diese Kosten seien nicht dem Verursachungsgedanken gemäß auf betriebliche Leistungseinheiten zu verrechnen. Eine Kostenverrechnung ist seiner Auffassung nach jedoch für den größten Teil der Kosten mit Hilfe entsprechender Bezugsgrößen möglich. Die Grenzplankostenrechnung unterscheidet in Bezugsgrößen des direkten (d.h. des unmittelbar mit der Erstellung des Absatzobjektes in Beziehung stehenden Unternehmensbereiches) und des indirekten Leistungsbereiches eines Unternehmens. Während Bezugsgrößen zur Verrechnung von Kosten des direkten Leistungsbereichs volumenabhängig sind (z.B. Fertigungsstunden, Maschinenstunden und Materialmengen), sind die Kosten im indirekten Bereich (in dem vornehmlich Gemeinkosten entstehen) völlig unabhängig vom Produktionsvolumen.

Für den indirekten Bereich sind deshalb andere Kosteneinflussgrößen zu finden, die für die Kostenentstehung in diesen Bereichen verantwortlich sind. Im Anschluss daran werden aus den Kosteneinflussgrößen Bezugsgrößen abgeleitet, die für die Kalkulation geeignet sind. Variable Gemeinkosten werden in diesem System kostentheoretisch begründet geschlüsselt, da nach Auffassung Kilgers auch indirekte oder mittelbare Kostenentstehungsgründe als verursachungsgerecht gelten. Damit wird ein Versuch unternommen, Kostenblöcke, die mit den traditionellen wertmäßigen Schlüsseln nicht zugerechnet werden können, transparenter zu gestalten.

Für „sonstige primäre Kostenstellen", in denen überwiegend sich wiederholende, verwaltende Arbeiten ablaufen, wie z.B. die kaufmännische Verwaltung, besteht grundsätzlich die Möglichkeit, mittels arbeitswissenschaftlicher Funktionsanalysen direkte Bezugsgrößen zu finden, die zu den angefallenen (variablen) Kosten in proportionaler Beziehung stehen. Zu den Bezugsgrößen verhalten sich Kilger zufolge zum Beispiel ein Teil der Personalkosten oder der Verbrauch an Formularen etc. proportional. Sind die Aufgaben völlig gleichartig, so liegt eine homogene Kostenverursachung vor, so dass zum Beispiel die „Anzahl der Bearbeitungsfälle" als Bezugsgröße herangezogen werden kann.

Kostenstellen des indirekten Leistungsbereichs vollziehen in der Regel jedoch mehrere Verrichtungen, so dass entweder mehrere Bezugsgrößen oder verschiedene Verrichtungsarten mit Äquivalenzziffern oder Punktbewertungsverfahren gleichnamig gemacht werden müssen. Diese direkten Bezugsgrößen der sonstigen primären Kostenstellen sind allerdings – obwohl als Kostenvergleichsmaßstab geeignet – für die Kostenträgerstückrechnung, d.h. zur Kalkulation ungeeignet, da die Identität zwischen Kostenverursachungsmaßstab und Kalkulationsbezugsgröße für diese Stellen nicht gültig ist. Die betreffenden Kostenstellen sind nicht unmittelbar Erzeugnis bezogen tätig, so dass der direkte Bezug zwischen Leistung der Kostenstelle und der produzierten Erzeugniseinheit fehlt. Zu beachten ist besonders die zeitliche Phasenverschiebung zwischen der Leistungserstellung und der Erzeugniswirksamkeit. In einer Einkaufsabteilung kann beispielsweise die Anzahl der Bestellungen als Bezugsgröße herangezogen werden. Bestellungen können jedoch einige Monate vor dem Eintreffen und der Verwendung der Güter getätigt werden. Bei der Abgrenzung der Kostenplanungsperioden müssen diese zeitlichen Verschiebungen berücksichtigt werden.

Für sekundäre Kostenstellen lassen sich nur dann direkte Bezugsgrößen finden, wenn deren Leistungen quantitativ messbar sind und sie in den verbrauchenden Kostenstellen als Verbrauchsmengen erfasst werden. Dazu könnten beispielsweise Energiekosten für eine Kostenstelle zählen. Nicht messbarer Output wird dagegen von der Kostenstelle „Unternehmensleitung“ erzeugt; die Kosten müssen mittels indirekter Bezugsgrößen verteilt werden.

Zunächst ist zu prüfen, inwieweit das Bewertungsobjekt der Grenzplankostenrechnung den Anforderungen entspricht. Einer Prozessbewertung steht in erster Linie die durch Kostenstellen vorgegebene Kontrollgrenze entgegen, die die Möglichkeit einer kostenstellenübergreifenden Kontrolle verschiedener betrieblicher Querschnittfunktionen verhindert. Dieser „Nachteil“ ergibt sich jedoch nur dann, wenn von einer traditionellen funktionsorientierten Kostenstellengliederung ausgegangen wird. Die Grenzplankostenrechnung lässt jedoch auch eine Kostenstellenbildung entsprechend der Prozessstruktur eines Unternehmens zu, so dass erforderliche Koordinationen zwischen Kostenstellen zumindest reduziert werden können. Innerhalb dieser Kostenstellen ist eine Identifikation von Prozessen als Leistungsmaß- und -bezugsgröße ohne weiteres möglich. Die anschließend erforderliche Suche nach Bezugsgrößen ähnelt dem Aufspüren von Cost Drivern in der Prozesskostenrechnung, hat aber den entscheidenden Vorteil, dass nur einem Prozess eindeutig zurechenbare Größen zugerechnet werden. Damit sind die einem Prozess zugewiesenen Kosten entscheidungsrelevant. Die Entscheidungsunterstützung kann zusätzlich verbessert werden, indem eine in der dynamischen Grenzplankostenrechnung enthaltene Aufspaltung der Kosten nach ihrer Abbaubarkeit vorgenommen wird.

Trotz der Versuche Kilgers, auch indirekte, gemeinkostenverursachende Bereiche des Unternehmens in die Rechnung einzubeziehen und hier Transparenz zu schaffen, besteht die vorrangige Aufgabe der flexiblen Grenzplankostenrechnung in der Steuerung der Wirtschaftlichkeit der Kostenstellen des direkten Fertigungsbereichs. Der indirekte – in erster Linie gemeinkostenverursachende – Bereich wird keiner direkten Wirtschaftlichkeitskontrolle unterzogen.

Praxishinweis

Eine Überprüfung der Anforderungsgerechtigkeit der Prozesse sowie Anregungen zu Prozessinnovationen kann die Grenzplankostenrechnung als betriebliches Kostenrechnungssystem nicht bieten. Sie hat lediglich die Aufgabe, die betriebliche Realität abzubilden und zu kontrollieren, stellt jedoch diese Realität nicht grundsätzlich in Frage.

5.4.3 Die Relative Einzelkosten- und Deckungsbeitragsrechnung

Die Relative Einzelkosten- und Deckungsbeitragsrechnung Riebels ist ein Teilkostenrechnungssystem, das nicht nur keine Fixkosten verteilt, sondern auch auf das Schlüsseln variabler, den Leistungen nicht direkt zurechenbarer **Gemeinkosten** verzichtet.

Da die Zuordnung von Kosten zu Leistungen nicht mit dem Verursachungsprinzip erklärt werden kann, entwickelte Riebel das → **Identitätsprinzip** als universell anwendbares Zurechnungsprinzip. Die Zurechnung wird als Gegenüberstellung eindeutig zusammengehöriger Größen aufgefasst. Eindeutig zusammengehörig, also einander zurechenbar, sind Kosten- und Leistungsgüter dann, wenn sie die gekoppelte Wirkung ein- und desselben Kausalprozesses sind. Das Riebelsche System basiert damit auf einem entscheidungsorientierten Kostenbegriff. Leistungserstellung und Werteverzehr werden diesem Begriff zufolge als gemeinsame Konsequenz von Entscheidungen angesehen. Demzufolge lassen sich nur Bezugsobjekte und Wertverzehr, die auf dieselbe Entscheidung zurückzuführen sind, einander gegenüberstellen.

Aus dem Identitätsprinzip entwickelte Riebel eigenständige Definitionen für Einzel- und Gemeinkosten.

Einzelkosten liegen nach Riebel vor, wenn der Güterverbrauch auf dieselbe Disposition zurückgeführt werden kann wie die Existenz des jeweiligen Kalkulationsobjektes. Gemeinkosten entstehen, wenn der Güterverbrauch auf Dispositionen zurückgeht, die auch noch andere als das jeweils betrachtete Kalkulationsobjekt betreffen.

Die Unterscheidung von Einzel- und Gemeinkosten gilt nicht nur, wie herkömmlich, für Kostenträger und Kostenstellen, sondern für jedes Untersuchungsobjekt (Kalkulationsobjekt, Bezugsgröße), das Grundlage einer Entscheidung sein kann. Alle Kosten einer Unternehmung lassen sich so als Einzelkosten erfassen und zurechnen. Damit eröffnet sich zunächst die Chance, auch Prozesse als Zurechnungsobjekt zu definieren.

Eine Zuordnung von Kosten auf Prozesse ist dann möglich, wenn bei Wegfall der den Prozessvollzug auslösenden Entscheidung auch die entsprechenden Kosten nicht anfallen. Kostenträgereinzelkosten liegen vor, wenn die Entstehung einer Ausgabe (bzw. Auszahlung), und damit sowohl die Wert- als auch die Mengenkomponente der Kosten, logisch zwingend auf die Entstehung einer zusätzlichen Kostenträgereinheit zurückzuführen ist. Eine Schlüsselung von Gemeinkosten wird generell abgelehnt.

Eine wesentliche Besonderheit der Relativen Einzelkostenrechnung Riebels ist der Verzicht auf die klassische Dreiteilung in Kostenarten-, Kostenstellen- und Kostenträgerrechnung. Sie wird ersetzt durch eine zweckneutrale Grundrechnung. Es handelt sich dabei um eine universell auswertbare Zusammenstellung relativer Einzelkosten, deren „Bausteine“ in vielfältiger Weise kombiniert werden können und einen schnellen Aufbau von Sonderrechnungen für verschiedene Fragestellungen erlauben. Als Grundsatz soll innerhalb der Grundrechnung nicht gerechnet werden, sondern sie stellt einen Datenpool in tabellarischer Form für Kostenrechnungsbasisdaten dar.

Die Zweckneutralität der Grundrechnung beinhaltet, dass

- keine heterogenen Elemente zusammengefasst werden (z.B. verschiedene Produktionsverfahren),
- homogene Zahlungsgrößen nicht willkürlich geschlüsselt werden (keine Gemeinkostenschlüsselung),
- die Kosten bei dem jeweils speziellsten Entscheidungsobjekt ausgewiesen werden.

Werden die Anforderungen eingehalten, sind die dem Entscheidungsobjekt zugeordneten Kosten entscheidungsrelevant.

In der primären Grundrechnung werden ausschließlich primäre Kosten, d.h. der bewertete Verzehr von Gütern und Dienstleistungen, die ein Unternehmen von außen bezieht, erfasst. Damit sind Wirtschaftlichkeitsvergleiche möglich, die für das Kostenmanagement entscheidend sein können, wie Make-or-buy-Entscheidungen. In der sekundären Grundrechnung werden innerbetriebliche – in der Regel für die Gemeinkostenentstehung verantwortliche – Leistungen entscheidungsorientiert verrechnet. Die Art der

Verrechnung ist für die entstehende Kostentransparenz verantwortlich. Sie ermöglicht anschließend eine Wirtschaftlichkeitskontrolle der Entscheidungsobjekte.

Die Deckungsbeitragsrechnung Riebels lässt eine Vielzahl an möglichen Kontierungen auf verschiedenste Kalkulationsobjekte zu und ist damit flexibel an unterschiedliche Entscheidungssituationen anpassbar.

Abbildung 33 zeigt eine vereinfachte Grundstruktur der Grundrechnung, wie sie für ein Unternehmen aufgebaut sein könnte:

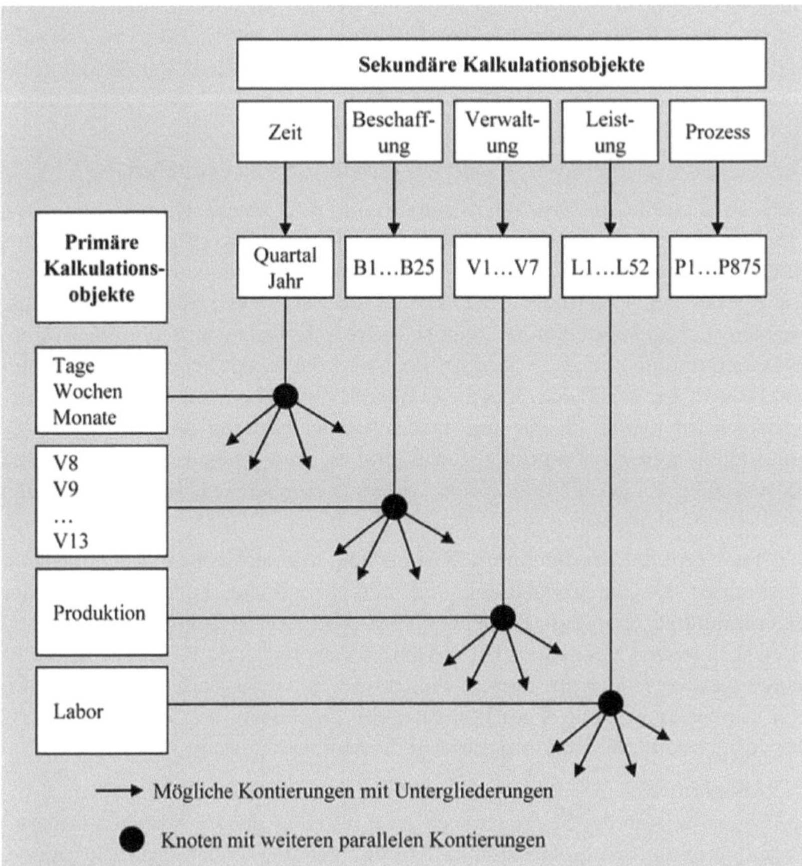

Abb. 33: Beispiel einer Grundrechnung

Entscheidend für „die Richtigkeit“ der Rechnung ist, ob es gelingt, eine für die Zurechenbarkeit logische Rangfolge der vielfältigen Bezugsobjekte innerhalb einer Bezugsgrößenhierarchie aufzustellen.

Die Relative Einzelkosten- und Deckungsbeitragsrechnung ist durch ihre zweckneutrale Grundrechnung in der Lage, ebenfalls Prozesse als Kalkulations- und damit auch Bewertungsobjekt zuzulassen. Auch die Bewertung von Prozessen als eine die „üblichen“ Auswertungsebene wie Abteilung quer durchlaufende Perspektive ist möglich. Dazu könnte beispielsweise untersucht werden, welche (gemeinkosten-) verursachenden Prozesse von einer Abteilung in Anspruch genommen werden. Sie beschränkt sich nicht auf traditionelle Kostenstellen, so dass ebenso übergreifende Prozesse abbildbar sind. Sie ist darüber hinaus nicht an die traditionelle Periodenabgrenzung der Kostenrechnung gebunden, da auch die Zeit ein eigenständiges Abrechnungsobjekt darstellen kann.

Das Bewertungsergebnis ist wiederum differenziert zu beurteilen.

Eine an Einzelkosten/Einzelerlösen orientierte Grundrechnung bietet die Möglichkeit, eine Vielzahl von Einzel- und Sonderauswertungen flexibel aus einer Grundrechnung zu entnehmen. Sämtliche anfallenden Kosten werden auf irgendeiner Ebene als Einzelkosten erfasst, womit das Zurechnungsproblem der Kostenrechnung „gelöst“ wäre. Als Teilkostenrechnungssystem mit einem strengen Zurechnungsprinzip sind die einem Prozess zugerechneten Kosten grundsätzlich entscheidungsrelevant. Das sehr enge Identitätsprinzip führt jedoch gleichzeitig dazu, dass der Umfang der einem Prozess unmittelbar zurechenbaren Kosten gering ist und einigen Prozessen keine Kosten zugerechnet werden können. Daraus ergeben sich Einschränkungen der Prozesskalkulation.

Der Schwerpunkt der Rechnung Riebels liegt auf den rechnungstechnischen Merkmalen der Zurechenbarkeit und weniger auf der Analyse empirischer Zusammenhänge, so dass Riebel auch auf die Ermittlung von Kostenfunktionen weitgehend verzichtet. Empirisch zu bestimmende Kostenzusammenhänge werden jedoch im System Kilgers als mit dem Verursachungsgedanken korrespondierende Zuordnungsregeln zugelassen, so dass der Umfang der verrechneten Kosten insgesamt in diesem System steigt.

Praxishinweis

Insgesamt kann das System Riebels zwar als eines der am höchsten differenzierten und in sich geschlossenen Kostenrechnungssysteme beurteilt werden. Für die praktische Anwendung ist jedoch eine einem weiteren Verursachungsgedanken entsprechende Zurechnung nach Kilger für Prozesskalkulationszwecke der Vorzug zu geben.

Im Hinblick auf die Informationsökonomie des Instrumentes stellten Aufbau und Pflege der Grundrechnung in der Vergangenheit einen der größten Hemmfaktoren für den praktischen Einsatz des Riebelschen Systems dar. Heute können Elemente der Grundrechnung in ihren kleinsten Informationsbausteinen getrennt nach Mengen- und Wertgerüst redundanzfrei gespeichert werden. Die EDV ermöglicht grundsätzlich eine Unterstützung einer Vielzahl von Auswertungsmöglichkeiten. Auch wenn an dieser Stelle nur die Eignung zur Prozessbewertung zu überprüfen ist, entwickeln sich die Vorteile der Rechnung erst dadurch, dass eine große Zahl verschiedener Kalkulationsobjekte zulässig ist und auch erhoben werden, so dass die Beurteilung der Informationsökonomie auch auf dieser Basis ansetzt.

Die Vielseitigkeit und Flexibilität des Auswertungsteils erfordert DV-Technologien, die in Standardsoftwaresystemen nur begrenzt bzw. rudimentär zur Verfügung stehen. Es stellt hohe Anforderungen an das Know-how der Anwender und steht selbst bei einer Abschwächung des engen Identitätsprinzips mit der Vielzahl an Bezugsgrößenhierarchien im krassen Gegensatz zum noch weit verbreiteten Vollkostendenken.

Praxishinweis
Der erforderliche Aufwand des Systems erscheint für praktische Anwendungen als zu hoch und zu anspruchsvoll.

Obwohl das System bereits seit mehr als 40 Jahren bekannt und seit einiger Zeit ausgereift ist, fand es keinen breiten Eingang in der Praxis. Dies ist vermutlich mit den zu bewältigenden Datenmassen erklärbar, da diese mit der bisherigen EDV meist nicht wirtschaftlich handhabbar sind. Negativ auf die Akzeptanz könnte sich auswirken, dass damit klassische Kennzahlen der Unternehmen nur eingeschränkt zu ermitteln sind, da diese vollkostenbezogen errechnet werden.

Wie auch die anderen Systeme ist das Kostenrechnungssystem Riebels nicht in der Lage, die Anforderungsgerechtigkeit eines Prozesses zu beurteilen, da der Abbildungsgedanke der Kostenrechnung im Vordergrund steht. Anregungen zur Prozessgestaltung sind aus den gleichen Gründen über die Ermittlung der mangelnden Wirtschaftlichkeit eines bestehenden Prozesses hinaus nur als „Abfallprodukt" möglich. Das Aufstellen einer Hierarchie aus Kalkulationsobjekten erfordert eine intensive Auseinandersetzung der Unternehmensleitung mit der Leistungserstellung und der Verknüpfung verschiedener Teilbereiche und Bewertungsdimensionen im Unternehmen. Diese Entwicklungsphase könnte gute Anregungen für eine Prozessneugestaltung im Unternehmen bieten bzw. zumindest nochmals zum Überdenken bestehender Strukturen anleiten.

Wie auch bei der Prozesskostenrechnung handelt es sich um ein statisches Kosten- bzw. Gewinnvergleichsinstrument ohne Berücksichtigung der zeitlichen Verteilung der anfallenden bzw. wegfallenden Kosten- und Erlösarten. Besser als die bisher dargestellten Systeme verdeutlicht diese Rechnung jedoch, dass eine Verrechnung von Kosten auf Kunden umso problematischer wird, je höher man sich in der Bezugsobjekthierarchie bewegt, d.h. sich vom Kunden entfernt.

Praxishinweis

Aufgrund der genannten Vorzüge ist das System geeignet, die im Rahmen des Kostenmanagements geforderte (Gemein-) Kostentransparenz und Ansatzpunkte zur Prozessbewertung zu gewährleisten. Eine prozessorientierte Denkweise ist in diesen Analyserahmen sinnvoll zu integrieren, indem die Gemeinkosten auf Basis von funktionsanalytischen Untersuchungen bzw. über Stundenaufschreibungen – also analog zum Vorgehen bei der Prozesskalkulation der Prozesskostenrechnung – verteilt werden. Jedoch ist der zeitliche Aufwand als sehr hoch einzuschätzen.

5.5 Controlling orientierte Instrumente zur Prozessbewertung

Hauptsächliches Ziel der Kostenrechnungssysteme ist die mehr oder weniger verursachungsgerechte Verteilung von Kosten auf Kostenträger bzw. Kalkulationsobjekte, d.h. ein Zuordnungssystem steht im Vordergrund. Als periodische Verfahren können sie mittels der Darstellung von hypothetischen Kostenentwicklungen bei Beschäftigungsänderungen lediglich Anregungen für ein Kostenmanagement geben. Es werden feststehende Kapazitäten vorausgesetzt. Für ein prozessorientiertes Kostenmanagement ist die Kostenrechnung dennoch das zentrale Erfassungsinstrument betrieblicher Kosten und Erlöse, so dass sie eine unabdingbare Voraussetzung darstellt.

Controlling orientierte Verfahren des (Gemein-)Kostenmanagements greifen häufig auf die Ergebnisse der Kosten- und Erlösrechnung zurück und kombinieren und ergänzen deren Ergebnisse zur Beantwortung neuer Fragestellungen. Sie verstehen sich demzufolge nur als zusätzliche Informationsinstrumente.

Die hier vorzustellenden Instrumente legen ihren Schwerpunkt auf die Überprüfung bestehender Kapazitätsdimensionierungen, d.h. auf die Überprüfung der Anforderungsgerechtigkeit der erstellten Prozesse im Unternehmen.

Dabei wird der Gedanke aufgegriffen, dass ein Großteil der Kosten mit der Entscheidung zur Anschaffung von Kapazitäten zur Prozesserstellung entsteht, so dass deren „richtige" Dimensionierung eine wesentliche Voraussetzung für eine wirtschaftliche Ressourcennutzung darstellt. Die Verfahren zielen darauf ab, die Quellen von Gemeinkosten zu ermitteln, um in einem nächsten Schritt Einsparungsmöglichkeiten auszuloten. Für Einzelkosten bestehen bereits im Rahmen der traditionellen Kostenrechnungssysteme gute Steuerungs- und Kontrollmechanismen.

Sämtliche Bereiche des Unternehmens werden als weitgehend kostenmäßig gestaltbare Handlungsbereiche betrachtet. Bei der Analyse steht die Frage im Mittelpunkt, welche Prozesse zwingend wahrgenommen werden müssen, um die Unternehmensziele zu erreichen und welche Tätigkeiten unnötig sind. In diesem Zusammenhang wird auch von wertschöpfungserhöhenden und nicht-wertschöpfungserhöhenden Aktivitäten gesprochen.

An dieser Stelle sollen die Overhead-Value-Analysis (OVA oder Gemeinkostenwertanalyse) und das Zero-Base-Budgeting (ZBB) erläutert werden. Beide Verfahren werden aufgrund des damit verbundenen hohen Aufwandes nur in unregelmäßigen Abständen in der Praxis durchgeführt. Die Darstellung des Ablaufs der Verfahren soll sich auf die wesentlichen Grundgedanken beschränken.

Es wurde bei der Darstellung der Kosten- und Erlösrechnungsverfahren darauf hingewiesen, dass eine Einschätzung der ermittelten Werte häufig Vergleichswerte erfordert. Diese Lücke können Kennzahlenrechnungen und speziell das Benchmarking füllen, so dass sie im Anschluss auf ihre Eignung zur Prozessbewertung geprüft werden sollen.

5.5.1 Die Gemeinkosten-Wertanalyse (GWA)

Die **Gemeinkosten-Wertanalyse** basiert wie auch das noch vorzustellende Zero-Base-Budgeting auf dem heuristischen Prinzip der Funktions- bzw. Prozessanalyse. Dabei stehen die Suche nach unnötigen Funktionen und deren Eliminierung sowie das Aufspüren neuer Ideen zur Rationalisierung im Mittelpunkt.

> **Mit Hilfe einer GWA werden unnötige Funktionen aufgespürt, eliminiert und neue Ideen zur Rationalisierung gesucht.**

Das Ziel einer Gemeinkosten-Wertanalyse besteht darin, in den Gemeinkostenbereichen eine Transparenz bezüglich der Kostenentstehung und der Leistungserstellung zu schaffen, um Leistungen, die unnötig bzw. unnötig perfektioniert sind, einzusparen bzw. zu rationalisieren (Effizienzziel) und doppelt ausgeführte sowie überflüssige Arbeiten abzubauen (Effektivitätsziel). Dieser Ansatz entspricht einer Zielsetzung des Prozessmanagements, weil Prozesse optimiert und Kosten eingespart werden.

Angestrebt wird, auf innerbetrieblicher Ebene für alle Prozesse der Vorkombinationsphase marktähnliche Bedingungen zu schaffen, indem Empfänger und Produzenten dieser Leistungen gemeinsam Kosten und Nutzen der Leistungen analysieren.

Ein „typischer" Untersuchungsbereich einer GWA in einem Unternehmen wäre aufgrund des dort entstehenden großen Gemeinkostenvolumens die Verwaltung. Verwaltungen werden im Rahmen einer GWA als innerbetriebliche Dienstleistungsproduzenten verstanden, deren Kosten auf die Erlöse erzielenden Abteilungen verteilt werden müssen. Den Leistungserstellern in den Verwaltungen soll mit einer GWA eine nicht nur kurzfristig wirkende Abnehmerorientierung vermittelt werden, so dass auch eine Verhaltensteuerung intendiert ist.

Eine Gemeinkosten-Wertanalyse wird meist in Zusammenarbeit mit einem externen Berater geplant und durchgeführt und ist ein in sich geschlossener Vorgang mit festem Zeitrahmen. Die Durchführung gliedert sich in drei Phasen:

1. **Vorbereitungsphase**
   Bildung und Schulung des Wertanalyseteams.
   Festlegen der Ablauffolge des Projektes und dessen Organisation.
2. **Analysephase**
   Leistungen und Kosten strukturieren.
   Ideen für ein verbessertes Kosten-Nutzenverhältnis entwickeln und bewerten.
   Realisierbare Ideen weiter konkretisieren.
3. **Realisierungsphase**
   Ableiten eines Aktionsprogramms aus den erarbeiteten Einsparungsvorschlägen.

Abb. 34: Phasen der Gemeinkosten-Wertanalyse

Bei der Leistungs- und Kostenstrukturierung innerhalb von Kostenstellen sollte die folgende Frage im Mittelpunkt stehen: Wer erbringt welche Prozesse in welchem Umfang und für wen? Dazu sind mehrwöchige Zeitaufschreibungen bzw. Beobachtungen notwendig. In der Praxis wird jedoch meist die weniger aufwändige Methode der Befragung der Kostenstellenleiter präferiert, deren Angaben zu den Kosten und Leistungen auf eigenen ter präferiert, deren Angaben zu den Kosten und Leistungen auf eigenen Schätzungen beruhen. Die Analysephase kann dem Vorgehen der bereits beschriebenen vertikalen Prozessanalyse entsprechen.

Die Untersuchungseinheiten einer GWA werden üblicherweise kostenstellen- oder abteilungsorientiert gebildet, grundsätzlich ist jedoch auch ein prozessorientiertes Vorgehen über Abteilungsgrenzen hinaus denkbar. Dazu könnte ein kostenintensiver Prozess, wie z.B. Auftragsbearbeitung, ausgewählt und Mitglieder aus allen berührten Kostenstellen in einem Analyseteam zusammengefasst werden. Grundsätzlich strebt eine Gemeinkosten-Wertanalyse jedoch die Analyse des Gesamtunternehmens an.

Der primäre Prozessbewertungsmaßstab der GWA ist zunächst der bewertete Prozessinput. Ausgehend von den gesamten angefallenen (Kostenstellen-) Kosten werden diese Kosten nach Maßgabe der schätzungsweise hierfür aufgewendeten Zeit den betreffenden Leistungen bzw. Prozessen zugeordnet. Das Ergebnis ist ein auf Basis der Ist-Ablauforganisation erstellter Katalog von geschätzten Vollkosten, zugehörigen Leistungen bzw. Prozessen und deren Empfänger. Das Verfahren weist bis hierher deutliche Parallelen zum Vorgehen der Prozesskostenrechnung auf, versucht jedoch davon abweichend neben den Bestimmungsgrößen des Zeitbedarfs keine weiteren Kostentreiber zu identifizieren. Eine Modifikation in diese Richtung ist möglich.

Zur anschließenden Kosten-Nutzenbewertung werden die Vollkosten einem von den Empfängern bezifferten Prozessnutzen gegenüber gestellt. Das Verfahren lässt offen, welche Wertmaßstäbe der Leistungsempfänger anzusetzen hat.

Die GWA kann, auch wenn sie ursprünglich abteilungsbezogen konzipiert wurde, Prozesse als Bewertungsobjekt abbilden. Die Probleme, die sich aus der Phase des Strukturierens der Leistungen und Kosten ergeben, wurden bereits bei der Darstellung der vertikalen Prozessanalyse dargelegt.

Praxishinweis

Das Bewertungsergebnis der GWA ist im Hinblick auf die zugerechneten (Prozess-) Kosten nicht entscheidungsrelevant, wenn lediglich innerhalb einer Kostenstelle angefallene (Voll)Kosten undifferenziert aus der Kostenrechnung übernommen werden, ohne vorab die Wirtschaftlichkeit der Kostenstelle zu überprüfen. Entscheidungsrelevant ist hingegen das Bewertungsergebnis, wenn nur Einzelkosten der Stelle zugerechnet wurden, d.h. es dürfen noch keine Kostenschlüsselungen im Zuge der innerbetrieblichen Leistungsverrechnung stattgefunden haben.

Konzeptionell sieht die GWA keine direkte Integration der Kostenrechnung in eine Gemeinkosten-Wertanalyse vor. Sie nutzt zwar die in der Kostenrechnung ausgewiesenen Stellengesamtkosten, weitere Kostendaten basieren dann aber auf den Schätzungen der am Projekt beteiligten Personen.

Die Zurechnung der Kosten zu den einzelnen Leistungen, d.h. zu den erstellten Prozessen, beruht ausschließlich auf der Maßgröße Zeit. Dabei wird unterstellt, dass der Kostenanfall und die Leistungserstellung proportional zur Zeit erfolgen. Diese Annahme ist jedoch nur dann haltbar, wenn es sich bei den Kosten ausschließlich um zeitabhängige Personalkosten handelt. Obwohl hier dem weiten Zurechnungsprinzip Kilgers gefolgt wird, ist diese Annahme im Hinblick auf die Entscheidungsrelevanz der ermittelten Daten problematisch. Personalkosten sind aufgrund der vertraglichen Bindungsfristen nicht mit der Variation der Prozesszahl (als Leistungsergebnis) beeinflussbar, d.h. die Kosten fallen auch dann an, wenn keine oder wesentlich geringere Leistungen als zum Zeitpunkt der Messung ermittelt, erbracht werden.

Ähnliche Probleme entstehen bei der Beurteilung des Ergebnisses der Prozessnutzenbewertung. Da eine Leistung, je nach Zeit, Ort und Gebrauch einen ganz unterschiedlichen Wert für verschiedene Leistungsnehmer haben kann, müssen Objektivierungsmaßstäbe festgelegt werden. Diese Maßstäbe müssen sich aus dem betrieblichen Zielsystem ableiten und weniger aus den individuellen Interessen der bewertenden Personen.

Die Idee der GWA, auch für Vorkombinationsleistungen marktähnliche Bedingungen zu schaffen, bei denen in erster Linie der Leistungsempfänger den Nutzen der Leistung beziffert, ist nicht ohne Einschränkungen anwendbar. Es setzt voraus, dass Leistungsgeber und Leistungsnehmer tatsächlich in einer Kundenbeziehung zueinander stehen. Bei einer Vielzahl von Leistungserstellungen ist es aber nicht eindeutig möglich, den Leistungsempfänger zu bestimmen. So vollziehen sich die Prüfungsprozesse einer internen Revision im Unternehmen zwar in einer Vielzahl von Unternehmensbereichen, d.h. es ist bestimmbar, wer die Leistung empfängt. Dennoch empfinden die direkten Empfänger daraus häufig keinen Nutzen bzw. würden die Leistung nicht „freiwillig“ annehmen. Ein wesentliches Merkmal einer Kundenbeziehung auf dem Markt besteht jedoch in der Freiwilligkeit des Austausches. Die Leistung wird eher von einer „übergeordneten“ Kostenstelle bewertbar sein, die die Verantwortung für das Gesamtergebnis trägt. Ähnliches gilt für Abteilungen, die gesetzlich vorgeschriebene Leistungen wie die Buchführung oder den Jahresabschluss erstellen. Der Leistungsempfänger liegt außerhalb des Unternehmens, die Bewertung ist aufgrund des erforderlichen Fachwissens nur eingeschränkt für interne Mitglieder möglich. Hier sind zwar Grundanforderungen formulierbar, wie z.B., dass die Buchführung und Abschlüsse als „richtig" im gesetzlichen Sinn sind. Dennoch ist das über diese Forderung hinausgehende Preis-Leistungsverhältnis schwer bestimmbar.

Eine Bewertung ist für all die Prozesse deutlich vereinfacht, die auch auf dem Markt außerhalb des Unternehmens beschafft werden können – wie in diesem Fall die Leistungen des Steuerberaters bzw. Wirtschaftprüfers. Dafür besteht ein Marktpreis, der als Anhaltspunkt für eine Nutzenbewertung dienen kann. Das setzt aber voraus, dass die intern erbrachten Leistungen denen von außerhalb entsprechen, d.h. auch eine Vergleichbarkeit gegeben ist.

Leistungen der Gemeinkostenbereiche weisen häufig eine schwer erfassbare und komplizierte Leistungsstruktur auf, die nur bedingt in quantifizierbaren Leistungsdimensionen abbildbar ist. Das trifft besonders auf das Qualitätsmerkmal zu.

> **Praxishinweis**
> Trotz der Probleme der Nutzendefinition ermöglicht eine kombinierte Kosten-Nutzen-Abwägung bessere Ergebnisse als eine ausschließliche Prozessbewertung mit den entstandenen Kosten.

Eine Gemeinkosten-Wertanalyse kann im Rahmen der Analysephase wichtige Hinweise zur Verbesserung von Prozessabläufen bieten. Dadurch, dass Mitglieder unterschiedlicher Unternehmensbereiche zusammenkommen und Anforderungen und Leistungsstandards formulieren, wird der wesentliche Nachteil der funktionalen Spezialisierung aufgehoben. Den Teilnehmern wird ein über die Grenzen des eigenen Arbeitsplatzes hinausgehendes Blickfeld für Leistungsprozesse ermöglicht, die auch über Abteilungsgrenzen hinausgehen.

Ein weiterer Vorteil liegt darin, dass auch im Vorfeld einer kostentreibenden Maßnahme eine GWA angewendet werden kann, solange die Kosten noch disponibel sind. Es wäre beispielsweise zu prüfen, ob eine GWA – begrenzt auf betroffene Unternehmensbereiche – nicht standardmäßig bei Investitionen ab einem bestimmten Investitionsvolumen durchzuführen ist. Damit würde sie zu einem unterstützenden Instrument der Investitionsrechnung.

Die Bewertungsergebnisse der einzelnen Prozesse sind von den subjektiven Beurteilungen der GWA-Teilnehmer beeinflusst. Die Ergebnisse der GWA könnten aber im Hinblick auf ihre Entscheidungsrelevanz verbessert werden, wenn es gelingen würde, die Kosten-Nutzenbewertung zu objektivieren. Ein dazu einsetzbares Instrument stellt die Nutzwertanalyse dar, die systematisch als Ausgangspunkt einer Bewertung Bewertungsdimensionen aus dem betrieblichen Zielsystem ableitet und anschließend gewichtet. Dieses Vorgehen stellt sicher, dass Bewertungen verschiedener vorliegender Alternativen vergleich- und nachvollziehbar bleiben.

Weiterführende Hinweise auf Prozessinnovationen könnten über die Durchführung einer Wertanalyse erworben werden. Das Ziel einer Wertanalyse ist die Veränderung eines bestehenden Leistungsangebotes. Dazu werden gegebene Funktionen eines Leistungsprozesses zerlegt und diesen werden mit den bereits vorgestellten Methoden Kosten und - soweit möglich - Erlöse zugeordnet. Anschließend wird geprüft, inwieweit es sich bei den Funktionen um „notwendige" Funktionen handelt bzw. welche Alternativen dazu denkbar sind. Die Analyseteammitglieder sollten versuchen, die ursprünglichen Beweggründe, denen das Prozessergebnis seine Existenz verdankt, in Funktionen auszudrücken. Die gegenwärtige Gestalt des Studienobjektes sollte dabei möglichst überhaupt nicht beachtet werden. In dieser Phase ist es spätestens erforderlich, auch unternehmensexterne Mitglieder in das Projektteam einzubinden, da sonst die Gefahr von Betriebsblindheit besteht. Um zu beurteilen, inwieweit eine Funktion notwendig ist, bietet es sich wiederum an, auf die betrieblichen Ziele als Beurteilungsmaßstab zurückzugreifen. Unter Berücksichtigung der Kosten und des entstehenden Kundennutzens wird schließlich entschieden, welche Prozesse notwendig sind, um diese Leistung zu erstellen.

5.5.2 Das Zero-Base-Budgeting (ZBB)

Das Zero-Base-Budgeting (ZBB) bzw. das Zero-Base-Planing (ZBP) ist eine Planungs-, Analyse- und Entscheidungstechnik, die zum Ziel hat, die Gemeinkosten zu senken und die verfügbaren operativen und strategischen Ressourcen im Gemeinkostenbereich möglichst wirtschaftlich einzusetzen. Es entspricht damit den Zielsetzungen des Prozessmanagements. Das ZBB versucht, ausgehend von einer theoretischen „Null-Basis", Kosten und die zu erwartenden Leistungen neu zu begründen. Dahinter steht der Gedanke, dass alle Gemeinleistungen und die damit verbundenen Kosten neu zu bedenken und zu rechtfertigen sind.

Ein ZBB-Prozess läuft vereinfacht wie folgt ab:

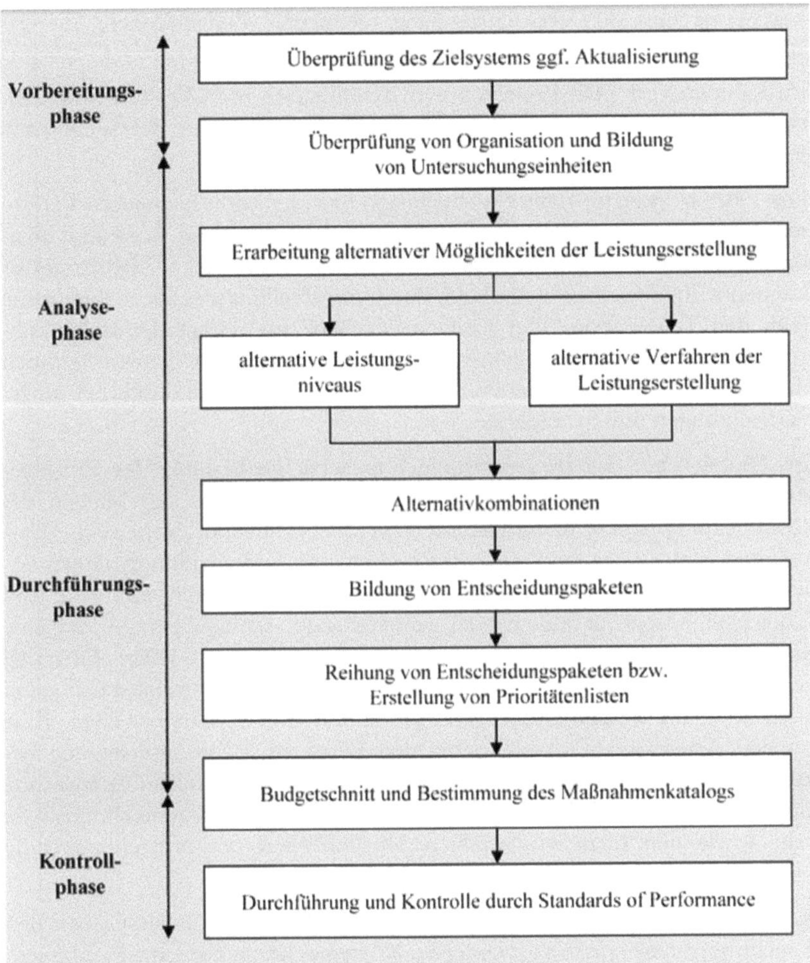

Abb. 35: Vereinfachtes Ablaufschema eines ZBB-Projektes

Der Schwerpunkt des Instrumentes liegt bei der Überprüfung der Anforderungsgerechtigkeit betrieblicher Prozesse.

Traditionell werden aufgrund der bereits bei der Nutzwertanalyse und dem GWA deutlich gewordenen Probleme der Kosten-Nutzenmessung Gemeinleistungsprozesse auf Basis der Vorjahreskosten budgetiert. Daraus erwachsen häufig Probleme wie ausufernde Budgets bzw. die Konzentration auf wachsende und die Vernachlässigung niedrigerer Budgetansätze, die das ZBB verhindern möchte.

Im Rahmen von ZBB-Projekten wird systematisch nach Leistungsalternativen gesucht, so dass es als Kreativitätstechnik im Rahmen der Suche nach Prozessinnovationen einsetzbar ist.

Das ZBB ist in erster Linie ein abteilungs- bzw. funktionsbezogenes Verfahren, da für diese organisatorischen Einheiten Kosten- und Leistungsvorgaben ermittelt werden sollen. Das Bewertungsobjekt eines ZBB-Projektes können jedoch auch Prozesse sein; durch die abteilungsbezogene Sichtweise fehlt den Teilnehmern aber vielfach der Blick für übergreifende Prozessstrukturen und -zusammenhänge. Hauptschwachpunkt ist demzufolge auch die ungenügende Beachtung von Rationalisierungseffekten durch Leistungsverflechtungen und Synergien.

Im Hinblick auf das Bewertungsergebnis setzt die Reihung der Entscheidungspakete durch die Teilnehmer voraus, dass erstens der Nutzen der Entscheidungspakete operationalisiert werden kann und zweitens die Entscheider in der Lage sind, eine große Menge an Entscheidungspaketen unterschiedlichster Art zu bewerten. Die Aufgabe wird dadurch erschwert, dass Entscheidungspakete miteinander vernetzt sind, so dass gerade hier eine abteilungsübergreifende Betrachtungsweise erforderlich wäre. Dennoch werden im Gegensatz zu den Analysen der GWA Leistungspakete simultan betrachtet, um abteilungsbezogene Suboptimierungen zu vermeiden. Eine an den Arbeitsabläufen orientierte, den Fluss der Leistungserstellung berücksichtigende Perspektive fehlt auch im ZBB. Die Entscheidungsrelevanz der Bewertungsergebnisse ist von dem betrieblichen Kostenrechnungssystem sowie den oben vorgestellten Möglichkeiten der Nutzenbewertung abhängig.

Wird das Vorgehen des ZBB jedoch mit einer (Nutz-)Wertanalyse sowie den Ergebnissen eines prozessorientierten Kostenrechnungssystems kombiniert, können insbesondere für neu aufzubauende Kapazitäten zusätzliche Hinweise gefunden werden.

Praxishinweis

Es ist zu beachten, dass das ZBB wie auch die Gemeinkosten-Wertanalyse lediglich als fallweise einzusetzendes Instrument zu verstehen ist, wobei besonders die Problematik der Leistungsvorgaben für Verwaltungs- bzw. Managementtätigkeiten ungelöst bleibt. Ziel ist die eher mittel- bis langfristige Kosteneinsparung durch rationellere Arbeitsgestaltung. Personelle Überkapazitäten sollen durch Änderungen der bisherigen Arbeitsorganisation abgebaut werden. Die Durchführungskosten sind durch die notwendige Freistellung sowie die Schulung von Mitarbeitern und die notwendige Inanspruchnahme einer Beratungsgesellschaft hoch.

5.5.3 Prozesskennzahlen

Mit den bisherigen Ansätzen zur Prozessbewertung wurde der absolute Wert eines Prozesses mit Kosten- und Erlösgrößen bestimmt. Zu einer Einschätzung des ermittelten Wertes – als Voraussetzung dafür, dass tatsächlich Entscheidungen daraus abgeleitet werden können – fehlen jedoch häufig Vergleichswerte bzw. Standardwerte. Diese Vergleichswerte können durch betriebliche oder außerbetriebliche **Prozesskennzahlen** bereitgestellt werden.

Es werden hier lediglich ausgewählte Prozesskennzahlen vorgestellt, die im Rahmen eines Prozessmanagements zur Prozessbeurteilung besonders geeignet erscheinen, da sie die bereits isolierten Prozessdimensionen nochmals explizit aufgreifen.

Prozesskostenkennzahlen

Kennzahlen zur (Einzel-)Prozessbewertung können zum einen aus den bereits vorgestellten Informationen der Kosten- und Leistungsrechnung gewonnen werden. Das Ziel besteht darin, Einzelinformationen zu einer (entscheidungsrelevanten) Zahl zu verdichten.

Eine in der Praxis weit verbreitete Prozesskennzahl ist der prozentuale Anteil einer Kostenart, wie z.B. Personalkosten, an den Prozessgesamtkosten. Überwiegt eine Kostenart deutlich, so leitet die Prozesskostenrechnung hieraus beispielsweise die Empfehlung ab, nur für diese Kostenart eine analytische Planung vorzunehmen, um die Wirtschaftlichkeit der Untersuchung zu gewährleisten. Die gewonnenen Ergebnisse werden ungenauer, eine Kosten- und Nutzenabwägung der Informationsbeschaffung kann jedoch zu dem Schluss kommen, dass ein solches Vorgehen sinnvoll sein kann.

Daneben besteht die Möglichkeit, Produktivitäten zu bilden, indem Erlös- bzw. Leistungskennzahlen Faktoreinsatzgrößen (Kosten) gegenüber gestellt werden. Dieser Fall setzt die Zuordnung von Erlösen bzw. Leistungsergebnissen zu Prozessen voraus.

Diese Prozesskennzahlen können einen zusätzlichen Informationswert bieten, wenn die Faktoreinsätze in Potenzialnutzungen bestehen, deren Kosten zwar nicht verursachungsgerecht zugeordnet werden können (Gemeinkosten), jedoch eine unterschiedliche Beanspruchung dieser Ressourcen durch einen Prozess besteht. Betrachtet man beispielsweise Lagerprozesse, so ist eine geringe Belegung der Lagerfläche mit Teilen bei sonst gleichen Leistungen deutlich flächenintensiver als eine hohe Belegung. Dennoch kann die unterschiedliche Flächenbeanspruchung unter der Voraussetzung, dass eine Weitervermietung freiwerdender Fläche bei einer hohen Belegung und auch eine anderweitige Nutzung ausgeschlossen sind, nicht dem Prozess zugerechnet werden, da es sich nicht um entscheidungsrelevante Kosten handelt. Die Information der in Anspruch genommenen Ressource „qm“ kann aber berücksichtigt werden, indem das Prozessergebnis in Relation gesetzt wird zur Ressourcennutzung. Daneben bietet der Bezug einer Kosten- oder Leistungsgröße zu einer Ressource, die einen Engpass im Unternehmen darstellt, eine Entscheidungsgröße für die Verwendung knapper Ressourcen.

Praxishinweis

Neue Erkenntnisse können Prozesskennzahlen dann zur Verfügung stellen, wenn sie es ermöglichen, die bisher vernachlässigten Prozessdimensionen „Zeit“ und „Qualität“ explizit zu bewerten.

Prozesszeitkennzahlen

Die Prozessdimension Zeit ist besonders gut geeignet, in einer Kennzahl abgebildet zu werden, da es sich um eine leicht quantitativ operationalisierbare Dimension handelt.

Der Zeit-Wert eines Prozesses spiegelt sich in der Zeit wider, die ein Prozess vom Prozessanstoß bis zur Abnahme des Prozessergebnisses von einem internen oder externen Kunden in Anspruch nimmt. Dabei sind nicht nur Bearbeitungs- bzw. Bewegungszeiten der Prozessobjekte zu betrachten, sondern auch Liegezeiten, die – abgesehen von Reifungsprozessen – die Prozessdauer verlängern und auf Prozessineffizienzen hinweisen. Im Kontakt mit den Kunden ist es für ein Unternehmen beispielsweise entscheidend, den gesamten Auftragspfad zu betrachten. Demnach müssen auch die Phasen berücksichtigt werden, die vor der Auftragserteilung und nach der Durchführung des Auftrages liegen.

Das Ziel besteht darin, Prozesszeiten zu verkürzen, da Zeit auf der einen Seite Kosten verursachen kann, wie z.B. Wartezeiten des Personals, aber auch entgangene Erlöse bestimmen kann durch z.B. zu lange Auftragsbearbeitungszeiten. Sie sind damit ebenso ein Indikator für die Flexibilität bzw. Reaktionsfähigkeit eines Unternehmen auf Anforderungen, die Mitarbeiter oder Kunden an das Unternehmen stellen. Diese Flexibilität ist umso entscheidender, je eher dadurch Wettbewerbsvorteile beim Kunden generiert werden können.

Praxishinweis

Entsprechende Zeitwerte können bereits bei der Prozessanalyse erfasst und in einem Prozessdokumentationsprogramm gespeichert werden.

Die Zeit, die ein Prozess in Anspruch nimmt, ist von einer Reihe vom Unternehmen direkt beeinflussbaren Größen abhängig. Hier sind die Leistungserstellungsverfahren oder die technische und personelle Ausstattung des Unternehmens zu nennen, aber auch nur indirekt beeinflussbare Faktoren, wie außerplanmäßige Kapazitätsengpässe oder Besonderheiten von Kunden. Daher ist für jeden Prozess festzuhalten, unter welchen Bedingungen die ermittelten Zeiten realisiert wurden.

Praxishinweis

Um möglichst valide Werte zu erhalten, ist es empfehlenswert, über einen längeren Zeitraum bzw. zu unterschiedlichen Zeitpunkten Messungen vorzunehmen, um damit Messergebnisse, die aus außergewöhnlichen Umständen entstehen, zu relativieren. Um die anschließenden Möglichkeiten der Prozesssteuerung zu erhöhen, ist ein getrennter Ausweis von Bearbeitungs-, Transfer- und Liegezeiten sinnvoll.

Die Anzahl zu messender Prozesse ist von den unterscheidbaren Prozessvarianten abhängig. Prozessvarianten ergeben sich aus den Anforderungen, die z.B. unterschiedliche Herstellungsverfahren bedingen oder die aus Kundeneigenschaften entstehen.

Praxishinweis

Für jede Prozessvariante ist ein eigener Zeitwert zu ermitteln.

Beispiele zur Abbildung der Prozessdimension „Zeit" beziehen sich hauptsächlich auf standardisierte, repetitive Prozesse, für die eine Zeiterfassung mit nur geringer Varianz um einen Mittelwert möglich ist. Für diese Prozesse ist bereits aus dem gleichen Grund auch eine Kostenzuordnung relativ einfach realisierbar.

Die Kennzahl „Prozessdauer" kann jedoch ebenfalls zur Einschätzung derjenigen Prozesse dienen, die die Anforderung der Repetivität nicht erfüllen. Die meisten Managementprozesse sind weder in Bezug auf ihre Qualität noch in Bezug auf damit verbundene Kosten bewertbar. Eine relativ einfach messbare Dimension dieser Prozesse ist auch hier die „verbrauchte" Zeit. Auf Managementebene werden neben den wiederkehrenden „Routinetätigkeiten", wie z.B. der Erstellung von monatlichen Berichten, abteilungsübergreifende Projekte, wie die Einführung einer neuen Auswertungsrechnung, durchgeführt. Betrachtet man auch diese Projekte als eigenständige Entscheidungs- (und Kalkulations-)prozesse, so ist eine Bewertung über Stundenaufschreibungen möglich. Die Dauer des Projektes entspricht der Zeitspanne zwischen Projektidee und der Einführung bzw. Realisierung des Projektes. Der Wert kann als Summe aller Arbeitsstunden definiert werden, die für dieses Projekt „verbraucht" wurden. Bei gleichem Prozessergebnis ist das Projekt mit der geringeren/geringsten Projektdauer auszuwählen, da es die Ressource Zeit ökonomischer einsetzt.

Problematisch ist die Bewertung der geleisteten Stunden aufgrund der qualitativen Unterschiede des Personals. Daneben kann eine Stunde mit dem tatsächlich vom Unternehmen dafür auszuzahlenden Betrag (= dem Stundenlohn) bewertet werden, was allerdings eine getrennte Erfassung für alle Mitarbeiter notwendig machen würde, da die Stundenlöhne nach Ausbildung, Betriebszugehörigkeit, Alter oder anderen Merkmalen gestaffelt sind. Eine Alternative ist die Bewertung mit Durchschnittswerten für Mitarbeiter, die in gleichen oder ähnlichen Positionen arbeiten.

Projektzeitaufschreibungen von Projektteammitgliedern nehmen wiederum Zeit in Anspruch, die bei der Beurteilung der Wirtschaftlichkeit dieses Instrumentariums zusätzlich berücksichtigt werden muss.

Das Kernproblem der Stundenaufschreibungen liegt darin, Vergleichswerte zur Einschätzung der Projektzeiten zu gewinnen. Die Einmaligkeit der Projekte und die beschränkte Strukturierbarkeit erschweren es, Projekte zu vergleichen und damit auch kontrollieren zu können. Dennoch können Anhaltspunkte über Unternehmensberatungen gewonnen werden, die Erfahrungen mit ähnlichen Projekten vorweisen können, über interne Spezialisten, die bereits in anderen Unternehmen Projekte derselben Art durchführten sowie über Erfahrungen, die durch betriebliche Wiederholungen erzielt werden.

Werden einem Projekt Personalkosten zugerechnet, ist zu beachten, dass diese Kosten nicht entscheidungsspezifisch sind, da die Durchführung bzw. Nicht-Durchführung von der Kostenentstehung unabhängig ist, soweit es sich um Mitarbeiter handelt, die über das Projekt hinausgehende Arbeitsverträge besitzen. Die Entscheidung über die Durchführung oder Nicht-Durchführung eines Projektes kann auf dieser Basis also nicht gefällt werden. Dennoch könnten die Mitarbeiter in anderen Projekten eingesetzt werden, so dass zumindest Opportunitätskosten zu ermitteln wären. Die Stundenaufschreibungen tragen jedoch auch ohne den Ansatz von Opportunitätskosten zu einer Transparenz der Managementtätigkeit bei und erleichtern die Ressourcendimensionierung für Projekte.

Prozessqualitätskennzahlen

Alle bisher genannten Kennzahlen setzen ein bestimmtes Qualitätsniveau für einen Prozess voraus, ohne explizit auf die Prozessdimension „Qualität" einzugehen. Dabei soll zunächst vernachlässigt werden, dass die Prozesszeit insbesondere für Dienstleistungen einen entscheidenden Faktor der Qualitätsbeurteilung darstellt.

Qualitätsfragen wurden in Ansätzen bereits bei den Controlling orientierten Verfahren zur Prozessbewertung mit einbezogen. Das ZBB definiert beispielsweise Leistungspakete, die in den Augen der Nutzer als „Qualitätsstufen" interpretiert werden können. Die Wertanalyse beinhaltet über Beurteilungen der Prozessempfänger zwangsläufig auch Vorstellungen bezüglich der Qualität der erstellten Prozesse.

Qualität wird definiert als die Einhaltung vorher festgelegter Prozessspezifikationen bzw. die Fähigkeiten eines Prozesses, diese Erfordernisse zu erfüllen. Das Ziel besteht darin, Fehler nicht entstehen zu lassen.

Bestimmt sich die Güte eines Prozesses aus den Leistungsparametern Zeit, Qualität und Kosten, sind Qualitätsindikatoren so zu definieren, dass zu den erfassten Prozesszeiten und den während der Prozesserstellung auftretenden Fehlern ein entsprechender Messwert hinsichtlich der Outputqualität vorliegt.

Die Outputqualität sollte in einer Outputnorm definiert werden, die mit den internen und externen Prozesskunden gemeinsam definiert wird. Neben einer Fehlerdefinition muss darin das zu erreichende Qualitätsniveau eindeutig festgelegt werden.

Auf Probleme bei dem Versuch, Outputnormen und damit auch Qualitätsanforderungen bzw. Leistungsstandards für Prozesse mit internen Kunden zu erstellen, wurde bereits bei den Problemen der Gemeinkosten-Wertanalyse hingewiesen.

Von einer hohen Prozessqualität kann ebenso aus interner Perspektive nur dann gesprochen werden, wenn das beabsichtigte Leistungsergebnis mit hoher oder großer Wahrscheinlichkeit bei einem ersten Prozessvollzug mit dem geringstmöglichen Input erzielt wurde. Die dazu entscheidende Kennzahl ist die der Prozessbeherrschung. Sie ist allgemein definiert als Verhältnis der Differenz aus Durchlaufzeit und Nacharbeitungszeit zur Durchlaufzeit.

Weitere Kennzahlen, die als inputorientierte Kenngrößen die Qualitätsfähigkeit eines Unternehmens widerspiegeln, wurden bisher überwiegend für

Produktionsbetriebe entwickelt. Hier ist beispielsweise der Prozessfähigkeitsindex (= Cpk) zu nennen, der ein direktes Maß für die Anzahl defekter Teile im Verhältnis zu Gutteilen ist. Je größer der Cpk-Wert, desto geringer ist die Wahrscheinlichkeit, dass defekte Teile auftreten. Auf Dienstleistungen oder Handwerksleistungen kann dieser Cpk-Wert direkt übertragen werden, indem definiert wird, wann eine Leistung „defekt" ist. Messbar wäre beispielsweise der Anteil der Fehldiagnosen bei Motoren an den gesamten Motordiagnosen. Dazu muss festgelegt werden, was unter einer Fehldiagnose verstanden wird.

Prozesse, die nur unter Teilnahme eines Kunden vollzogen werden können, wie bestimmte Dienstleistungsprozesse, können nur bedingt beherrscht werden. Die Outputnorm ist nicht eindeutig zu definieren, so dass ein fehlender Erfolg nicht ausschließlich auf die Fehlerhaftigkeit der Dienstleistung zurückzuführen ist.

Eine weitere Kenngröße, die die Qualitätsfähigkeit zum Ausdruck bringt, ist die Risikoprioritätskennzahl (RPZ), die das Risikopotenzial eines Prozesses beurteilt. Diese wird im Rahmen einer Fehler-Möglichkeits- und Einflussanalyse durch funktionsübergreifende Teamarbeit ermittelt.

Die folgende Tabelle gibt einen Überblick über mögliche Prozesskennzahlen.

Prozesskostenkennzahlen	Prozesszeitkennzahlen	Prozessqualitätskennzahlen	
		Prozessergebniskennzahlen	Prozessverlaufskennzahlen
• Prozesskostensatz • Anteil lmi-Kosten an den Gesamtprozesskosten • Anteil kurzfristig abbaubarer Kosten an den Prozessgesamtkosten • Anteil einer Kostenart an den Prozessgesamtkosten • ...	• Prozessgesamtdauer • Ø Lieferzeit • Ø Bereitstellungszeit • Anteil der Bestellbearbeitungszeit an der Prozessgesamtdauer • Reaktionszeiten • ...	• Kundenzufriedenheit • Mitarbeiterzufriedenheit • Termintreue • ...	• Mitarbeiterqualifikationen • Serviceniveau • Flexibilität • Risikoprioritätszahl • Prozessfähigkeitsindex • ...

Tab. 12: Kennzahlen zur Prozessbewertung

Eine Einschätzung der ermittelten Kennzahlen ist im Rahmen eines innerbetrieblichen oder überbetrieblichen (Zeit-)Vergleichs möglich. Neben den klassischen Betriebsvergleichen hat sich ein neuerer Ansatz des „Kennzahlenaustausches“ etabliert, der sich zur Prozessbewertung eignet: das Benchmarking.

5.5.4 Das Benchmarking

Ohne Kenntnis der betriebsspezifischen effektivitäts- und effizienzorientierten Prozesskennzahlen bleiben jedem Unternehmen die Türen zu einem internen und externen **Benchmarking** verschlossen. Ein methodisch abgesichertes Benchmarking auf der Grundlage vergleichbarer Prozesskennzahlen ist hervorragend geeignet, sowohl tief greifende Veränderungsprozesse im Sinne des Reengineerings als auch Verbesserungsprozesse im Sinne des Total Quality Managements oder des Lean-Production-Konzeptes auszulösen. Hierbei ist allerdings zu beachten, dass es aufgrund der Komplexität des unternehmerischen Geschehens nicht möglich ist, alle Prozesse gleichzeitig einem Benchmarking zu unterziehen.

> **Praxishinweis**
> Es sind diejenigen Prozesse zu selektieren, die für die betriebliche Leistungserstellung von besonderer Bedeutung sind und unter Beachtung möglicher Restriktionen das größte Optimierungspotenzial aufweisen.

Benchmarking kann als strukturierter Prozess des Lernens aus der Praxis derjenigen (Interner oder Externer) verstanden werden, die als Führer (Beste) anerkannt sind. Anders als beim Betriebsvergleich können im Rahmen von Benchmarking ebenfalls einzelne Arbeitsprozesse überbetrieblich verglichen werden, wie z.B. der Ablauf einer Beschaffung, die Abwicklung eines Auftrages. Auch wird die in Betriebsvergleichen übliche Anonymität der Teilnehmer aufgehoben.

Es ist das Ziel des Benchmarking, diejenigen Prozesselemente im eigenen Unternehmen einzuführen, die für einen Leistungs- oder Kostenvorsprung verantwortlich sind und zu einer Verbesserung der internen und/oder externen Kundenzufriedenheit beitragen. Damit führt das Benchmarking Elemente der Konkurrenzanalyse, der Wertanalyse sowie der strategischen Erfolgsforschung zusammen.

Obwohl Benchmarking auch intern durchgeführt werden kann, wobei als Vergleichsmaßstab die beste Leistung im Unternehmen (innerhalb einer Abteilung oder zwischen Abteilungen) oder im Zeitablauf herangezogen wird, sollen sich die weiteren Ausführungen nur auf das externe und das funktionale Benchmarking beziehen.

Externes Benchmarking berücksichtigt als Vergleichsmaßstab den Branchenführer oder einen direkten Wettbewerber, während das funktionale Benchmarking allgemein Prozesse vergleicht, unabhängig davon, ob sie auf eine bestimmte Branche oder Betriebsgröße zugeschnitten sind.

(Externes) Benchmarking vollzieht sich in folgenden Phasen:

[1] Bestimmung des Benchmarking-Gegenstandes,

[2] Bildung eines Benchmarking-Teams,

[3] Identifikation von Benchmarking-Partner(n),

[4] sammeln und analysieren von Informationen,

[5] Umsetzung.

Durch die Integration der Umsetzungsphase in den Benchmarking-Prozess geht das Benchmarking über einen reinen Kennzahlenvergleich hinaus.

Der Benchmarking-Gegenstand ergibt sich häufig aus einer Stärken- und Schwächenanalyse und besteht beispielsweise aus Leistungslücken und Defiziten gegenüber den Wettbewerbern. Bei dem Benchmarking-Team sollte es sich um ein speziell gruppiertes Projektteam handeln, das durch externe Berater unterstützt werden kann. Um ein breites Wissens- und Erfahrungsspektrum zu nutzen, sollte das Team multifunktionell besetzt sein und je nach Untersuchungsgegenstand Prozessbeteiligte aus allen Hierarchieebenen umfassen.

Benchmarking-Partner zu finden und diese zu einer Zusammenarbeit zu gewinnen, stellt eine der problematischsten Aufgaben des Benchmarking dar. Das externe Benchmarking innerhalb einer Branche setzt voraus, dass der „Beste" dieser Branche ermittelt wird. Dazu muss zunächst festgelegt werden, welche Erfolgsmaßstäbe herangezogen werden können. In der praktischen Anwendung finden eher quantitative Erfolgsindikatoren wie Erlöse, Gewinn, ROI oder Wachstumsraten der vergangenen Jahre Berücksichtigung, da dazu veröffentlichtes Datenmaterial vorliegt und eine Vergleichbarkeit eher gegeben ist.

Deutlich anspruchsvoller ist die Suche nach funktionalen Benchmarking-Partnern. Da spezielle (Kern-)Prozesse Benchmarking-Gegenstand sind, unabhängig von Branche, Größe und Struktur der Unternehmen, weitet sich der Kreis potenzieller Partner auf alle Unternehmen weltweit aus, die diesen Prozess ebenfalls abwickeln bzw. ein gleiches Prozessergebnis erzielen. So können Industrie- oder Handelsunternehmen als Prozessspezialisten für Beschaffung gute Benchmarking-Partner für andere Unternehmen sein, die den Beschaffungsablauf verbessern möchten. Für eine Reihe von Prozessen eines Unternehmens scheint es gute branchenfremde Benchmarking-Partner zu geben, da eine Vielzahl von Prozessen in branchenfremden Betrieben ebenfalls vollzogen wird.

Die Anzahl der potenziellen Partner sowie die Probleme, prozessbezogene Daten im Vorfeld zu erhalten, um eine erste Einschätzung der Unternehmen vornehmen zu können, machen spätestens hier meist die Einschaltung von externen Prozessspezialisten erforderlich.

Da die Benchmarking-Partner bei einem funktionalen Benchmarking sehr unterschiedliche Strukturen aufweisen können, sollten vor der eigentlichen Analysephase identische Analysestrukturen geschaffen werden. Auch um „Übertragungsmedien“ für gemeinsame Begriffswelten zu schaffen, ist es angebracht, Untersuchungsleitfäden zu erstellen, die die zu untersuchenden Elemente und Beziehungen näher bestimmen sowie zugehörige Merkmalsausprägungen enthalten. Hinweise dazu geben die Ausführungen zu den Prozessdokumentationsmöglichkeiten.

Die Chancen, Benchmarking-Partner zu gewinnen, ist von der Sensibilität des Themas abhängig. Je wettbewerbsrelevanter das Thema eingeschätzt wird, desto geringer ist die Bereitschaft, eventuelle eigene Wettbewerbsvorteile preiszugeben. Aus diesem Grunde kann es einfacher sein, Benchmarking-Partner für ein funktionales Benchmarking zu gewinnen, da in anderen Branchen ein Prozess weniger als Schlüsselprozess eingestuft werden könnte. Auch lässt eine solche Wahl eher Quantensprünge in Bezug auf die Prozessverbesserungsmöglichkeiten zu, da vollständig andere Wege betrachtet werden. Die Chance, Anregungen für Prozessverbesserungen – keine Kopien – zu erhalten, ist damit hoch.

Grundsätzlich stellt sich die Frage, wie ein „Bester“ eines Prozesses zu einem Benchmarking zu bewegen ist. Selbst wenn man sich darauf beschränken sollte, lediglich „Bessere“ zur Zusammenarbeit zu gewinnen, so besteht auch noch im Verlauf eines Projektes immer die Gefahr, dass der unter Effizienzgesichtspunkten am weitesten fortgeschrittene Partner aus dem Projekt aussteigt, da für ihn die Zusammenarbeit keinen weiteren Nutzen bringt. Um zu verhindern, dass man den Träger der „best practice“ verliert, sollten dem Partner zusätzliche Nutzen, z.B. durch Sonderbetreuungen durch Unternehmensberater, geboten werden.

Der Haupteinsatzbereich des Benchmarking liegt bei Prozessen, die gut standardisierbar sind und die einen relativ hohen Anteil an den Gesamtprozessen sowie am Ressourcenverbrauch beanspruchen, wie z.B. Materialbewegungsprozesse und das Verwaltungs- oder Dokumentationsmanagement.

Da das Benchmarking keine vom betrieblichen Informationssystem losgelöste Prozessbewertungsmöglichkeit ist, müssen sich die Teilnehmer auf einheitliche Standards einigen, mit welchen Größen ein Prozess zu bewerten ist. Dazu werden häufig wiederum Prozesskosten ermittelt. Diese können jedoch bei unterschiedlich strengen Auslegungen von vereinbarten Zurechnungsprinzipien und abweichenden Wertansätzen für (identischen) Faktorverbrauch zu völlig anderen Prozesskosten führen, ohne dass ein tatsächlicher Leistungsunterschied dahinter steht.

Je schlechter die Leistungsqualität eines Prozesses definiert werden kann, desto eher besteht darüber hinaus die Gefahr, dass Prozesskostenunterschiede von den Mitarbeitern schnell als Leistungsunterschiede abgetan werden, die mit Kundenbedürfnissen erklärt werden. Diese Tendenz verstärkt sich, wenn die Benchmarking-Partner aus vollkommen anderen Bereichen kommen, so dass keine direkte Übernahme der Prinzipien der „Prozessbesten" möglich ist, sondern diese Praktiken erst auf das eigene Unternehmen „übersetzt" werden müssen.

Trotz der Probleme des Benchmarking erscheint es insgesamt ein Erfolg versprechender Ansatz, Prozesse bewerten und anschließend auf dieser Informationsbasis auch verbessern zu können.

5.5.5 Ergebnis

Controlling orientierte Instrumente der Prozessbewertung greifen meist auf die Ergebnisse der Ansätze zur Kosten- und Erlösrechnung zurück und versuchen, zusätzliche Informationen für spezielle Fragestellungen oder Kostenausschnitte bereitzustellen bzw. bekannte Daten neu zu verdichten.

Sowohl die Gemeinkosten-Wertanalyse als auch das ZBB sind dabei bereits seit längerem bekannte Verfahren, die in unregelmäßigen Abständen ein Überdenken bisheriger Leistungs- und Kostenstrukturen ermöglichen. Das zentrale Problem der Verfahren besteht darin, dass Unternehmen der Maßstab fehlt, um Aufwändungen und Investitionen in innerbetrieblichen Leistungsbereichen auf ihre Produktivität hin zu beurteilen bzw. sie auf eine höhere Produktivität hin auszurichten. Beide Verfahren ersetzen den fehlenden allgemein verbindlichen Maßstab dadurch, dass ein Konsens der Organisationsmitglieder über Bedarf und Prioritäten von Einzelleistungen hergestellt und auf dieser Basis ein Einsparungspotenzial ermittelt wird. Dadurch werden die Organisationsmitglieder zwar in einem Selbstbeschneidungsprozess eingebunden, gegen dessen Konsens sie nicht opponieren können; es wird aber nicht sichergestellt, inwieweit der Prozess tatsächlich zu höherer Produktivität im Sinne strategisch relevanter Leistung führt bzw. inwieweit er eine langfristige positive Verhaltensänderung bewirkt. Dazu ist das Vorgehen zu sehr auf das Status-quo-Bewusstsein der Organisationsmitglieder selbst abgestützt und bewirkt zu sehr ein defensives „organizational learning"

Beide Verfahren führen dennoch dazu, dass über eine Prozessanalyse eine Leistungs- und Kostentransparenz geschaffen wird, die ein anschließendes Infragestellen herkömmlicher Strukturen ermöglicht, so dass die Anforderungsgerechtigkeit erstellter Prozesse geprüft wird. Insbesondere in Kombination mit Daten aus einer entscheidungsorientierten Kostenrechnung werden sie trotz der dargelegten Probleme als geeignet eingestuft, Aufgaben des Prozessmanagements zu übernehmen. Diese Chancen ergeben sich insbesondere aus der Tatsache, dass Organisationsmitglieder aus unterschiedlichen Bereichen zusammenkommen und über den eigenen Bereich hinaus Probleme erkennen, analysieren und möglichst auch beheben können. Darüber hinaus sind die Verfahren im Vorfeld von Investitionsmaßnahmen anwendbar und können bereits vor dem Entstehen von Kosten die Konsequenzen einer Investitionsentscheidung auch für andere Unternehmensbereiche verdeutlichen.

Prozesskennzahlen ergänzen die Kostenrechnung und die GWA bzw. das ZBB. Sie verdichten zum einen die gewonnenen Daten aus der Kostenrechnung, zum anderen können die für Prozesse relevanten Bewertungsebenen der Qualität (Anforderungsgerechtigkeit) sowie der Prozessdauer zusätzlich berücksichtigt werden.

Das Benchmarking ist darüber hinaus in der Lage, konkrete Anregungen für Prozessinnovationen zu bieten, da es ein überbetriebliches Verfahren ist, mit dem mit entsprechender außenstehender Hilfestellung auch ein Blick von „außen" auf das Unternehmen ermöglicht wird.

Insgesamt sind die vorgestellten Instrumente als Baukasten zu verstehen, dessen Bestandteile je nach konkreter Entscheidungssituation miteinander kombiniert werden sollten. Voraussetzung zu ihrer Anwendung ist jedoch immer der Einsatz eines leistungsfähigen entscheidungsorientierten Kostenrechnungssystems.

Nachdem mit den Phasen der Prozessanalyse und Prozessbewertung die Voraussetzungen auf der Informationsseite getroffen wurden, werden im folgenden Kapitel die Möglichkeiten zur konkreten Modellierung der Prozesse und deren Umsetzung dargestellt.

Literaturtipps

Bogaschewsky, R./Rollberg. R. (1998): Prozessorientiertes Management, Berlin, Heidelberg.

Coenenberg, A.G. (2009): Kostenrechnung und Kostenanalyse, 7. Aufl., Landsberg a. Lech.

Posluschny, Peter (2007): Prozessorientiertes Kostenmanagement in Krankenhausbetrieben, Mannheim.

Kapitel 6

Wie werden Prozesse abgebildet?

6.1 Welche Fragen stellen Sie bei der Analyse eines Prozesses?

Jeder Geschäftsprozess hat die folgenden fünf Aspekte:

[1] Steuerungsaspekt: Was wird wann und warum getan?
[2] Organisationsaspekt: Wer erledigt wo welche Tätigkeit?
[3] Informationsaspekt: Welche Informationen werden wie weitergegeben?
[4] Kontrollaspekt: Erreicht der Prozess sein Ziel?
[5] Sicherheitsaspekt: Wer darf was im Prozess?

Welche Informationen sollten Sie zu den jeweiligen Aspekten eines Prozesses sammeln bzw. erfragen?

Aspekt	Informationen
Steuerung	- Kunden des Prozesses - erwarteter Output - wertschöpfende Tätigkeiten - nicht wertschöpfende Tätigkeiten - Reihenfolge der Aufgaben - mögliche Parallelität der Aufgaben - bedingte Ausführung von Arbeitsschritten
Organisation	- organisatorischer Aufbau des Unternehmens - Voraussetzungen für Aktivitäten: Qualifikation, Werkzeuge, - Berechtigungen, geografische Verfügbarkeit - Übergaben im Prozess - Übergaben über Abteilungen

Information	- interner Input - externer Input - interner Output - externer Output - Medien, Medienbrüche - Definitionen, Begriffe
Kontrolle	Kennzahlen: Anzahl, Durchlaufzeit, Pünktlichkeit, Qualität, Kosten
Sicherheit	- Initiierung - Lese- und Schreibrechte - Abbruch - Entscheidungen

Tab. 13: Aspekte eines Geschäftsprozesses

Anwendung 3: Zuordnung der Detailfragen zu den Aspekten eines Geschäftsprozesses

Ordnen Sie die Detailfragen den richtigen Aspekten eines Geschäftsprozesses zu.

Detailfrage	richtige Zuordnung
Durch wie viele Abteilungen läuft der Prozess?	
Hält der Prozess die Zeitvorgabe ein?	
Welche verschiedenen Medien werden im Prozess verwendet?	
Kann die Zahlung der Lieferung überwacht werden?	
Wie teuer ist eine Ausführung des Prozesses?	
Wie lange dauert der Prozess?	
Kann jeder auf die Daten zugreifen?	
Gibt es diese Information schon im Prozess?	

Detailfrage	richtige Zuordnung
Wird das Ergebnis den Kundenerwartungen gerecht?	
Wann darf Aktivität 2 beginnen?	
Wer ist für den Prozess verantwortlich?	
Wer darf den Prozess starten?	
Wie sind die Übergaben zwischen den Abteilungen organisiert?	
Wie häufig wird der Prozess angestoßen?	
Können getroffene Entscheidungen unbemerkt nachträglich verändert werden?	
Wo wird diese Information noch verwendet?	
Welche Schritte gehören zum Prozess?	
Wird der Prozess richtig dokumentiert?	
Wie wird die Information weitergegeben?	
Wie viele Personen wirken an dem Prozess mit?	

6.2 Wie sollten Prozessziele abgeleitet werden?

Mit der Abgrenzung von Prozessen wird die Grundlage einer Prozessstrukturierung geschaffen. Prozesse sind auf der Vorgänger-Nachfolger-Ebene „Black Boxes“. Die innere Ablauflogik von Prozessen ist kein entscheidungsrelevantes Kriterium zur Beurteilung von Prozessen. Erst durch die Definition von Leistungszielen können Prozesse beurteilt werden.

Mit der Strukturierung eines Unternehmens in primäre (wertschöpfende) und sekundäre (unterstützende) Prozesse wird eine erste Eingrenzung von Prozesszielen vorgenommen. Über die Wertkettenanalyse (Strategische Analyse) werden strategische Ziele abgeleitet, die mit Hilfe des Prozessmanagements erreicht werden sollen. Eine konkrete Zielformulierung mittels der Definition der zu erbringenden Prozessleistung kann über ein retrogrades

Vorgehen erreicht werden, wobei Zielvereinbarungen mit den Prozesseignern getroffen werden sollten.

Bei einem retrograden Vorgehen, wie beispielsweise bei Prozessanalysen, werden Prozesse nur aus der Innensicht heraus beurteilt. Die daraus gewonnenen Ziele reflektieren das vermutete Verbesserungspotenzial. Sie stellen aber keinen Bezug zu strategischen Zielen und externen Kunden her, wodurch offen bleibt, ob das angestrebte Leistungsniveau ausreicht, die Unternehmensziele zu erreichen und somit die Wettbewerbsposition zu sichern.

Praxishinweis
Es empfiehlt sich, Prozessziele an strategische Ziele sowie an Kundenwünsche und -anforderungen auszurichten, da die gewonnenen Informationen Anhaltspunkte für die Verbesserung der Prozesseffektivität geben.

Zur Konkretisierung der Ziele helfen einige Kategorien als Checkliste für die Zielvereinbarung:

- Menge,
- Kosten,
- Zeit (Pünktlichkeit, Schnelligkeit),
- Qualität,
- Kontrollierbarkeit.

Bei der Definition der Zielvorgaben ist das Prozess-Benchmarking hilfreich. Es vergleicht Geschäftsprozesse des eigenen Unternehmens mit denen anderer Unternehmen, die als Vertreter der Best-Practice gelten. Ergänzend sind die Benchmarks mit den strategischen Geschäftszielen und den Informationen aus Kundenbefragungen abzugleichen.

Abbildung 36 zeigt das Vorgehen bei der Planung von Prozesszielen.

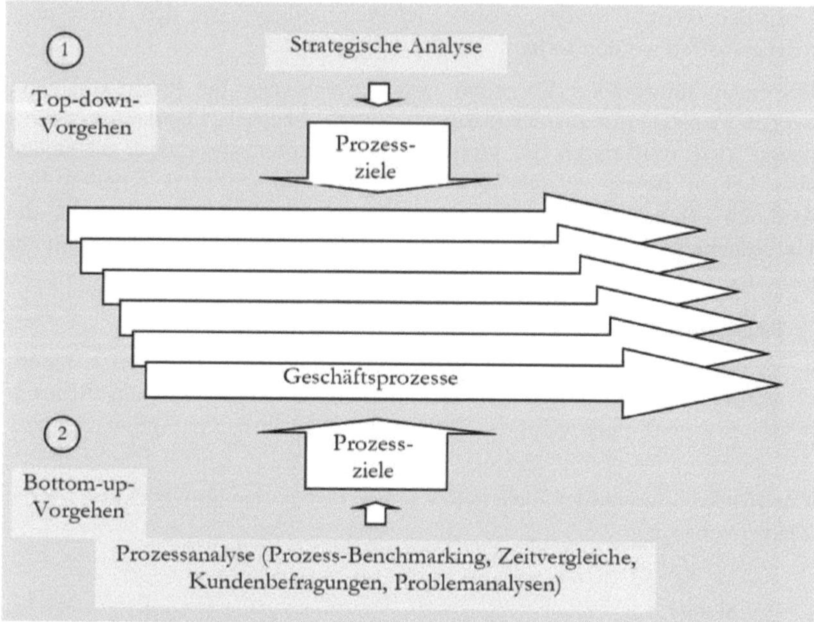

Abb. 36: Vorgehen bei der Planung von Prozesszielen

Balanced Scorecard

Ein Top-down-Vorgehen bei der Planung von Prozesszielen setzt eine strategische Analyse voraus. Aufbauend auf der strategischen Analyse werden Erfolgsfaktoren, Handlungsoptionen und Geschäftsziele abgeleitet, die als Prozessziele definiert werden können. Diese Ziele können in einer → **Balanced Scorecard** abgebildet werden.

Die **Balanced Scorecard** geht von einer Strategie aus, die neben den Shareholdern auch Kunden und Mitarbeiter berücksichtigt. Dieses System gliedert sich in vier Perspektiven, die mit ihren entsprechenden Kennzahlen und Abhängigkeiten (Ursache-Wirkungszusammenhänge) auf die Vision und Strategie des gesamten Unternehmens abzielen und ein Gleichgewicht der verschiedenen Ziele erreichen sollen.

Die **Finanzperspektive** als traditionelle Perspektive der Kennzahlensysteme bildet auch innerhalb der Balanced Scorecard den Ausgangspunkt, denn Ziel eines jeden Unternehmens ist letztendlich, ausreichend hohe Erträge für das investierte Kapital zu erzielen. Zu dieser Perspektive werden drei zusätzliche nicht-monetäre Perspektiven hinzugefügt.

Die Balanced Scorecard umfasst prinzipiell die folgenden Perspektiven:

- Finanzperspektive
  als Outcome
- Kundenperspektive
  als Output der Produktionsfunktion
- Prozessperspektive
  als eigentlicher Transformationsprozess
- Lern- und Entwicklungsperspektive
  Mitarbeit als wesentlicher Faktorinput

Abbildung 37 zeigt den Zusammenhang der vier Perspektiven.

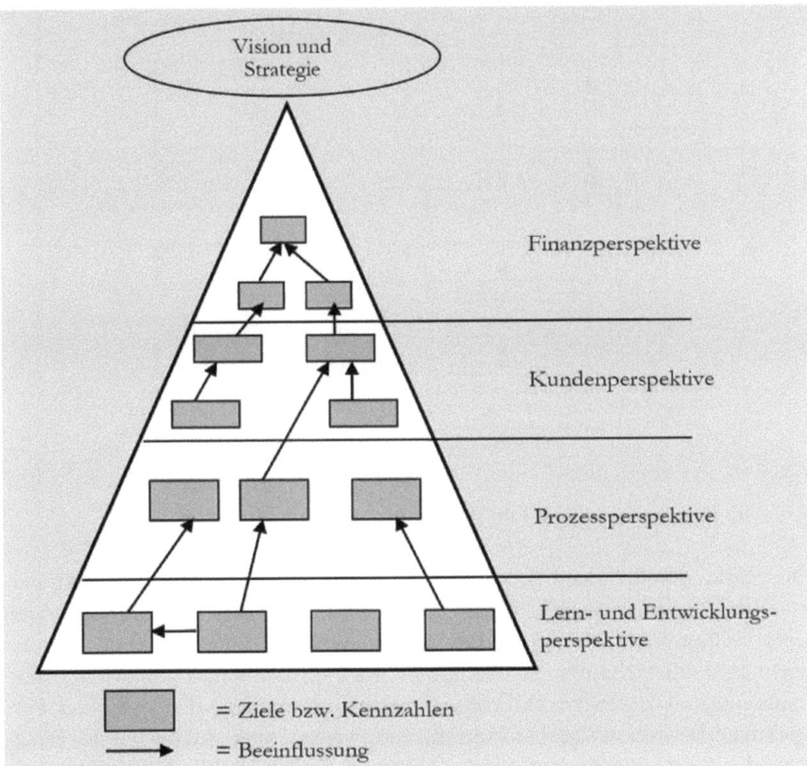

Abb. 37: Perspektiven der Balanced Scorecard

„Der Auswahl dieser Perspektiven liegt eine bestimmte Kausalität zu Grunde. Danach schaffen leistungsfähige und sich entwickelnde Mitarbeiter die Grundlage für effiziente und effektive Geschäftsprozesse. Auf Basis dieser Geschäftsprozesse lassen sich bedürfnisgerechte Produkte und damit zufriedene und rentable Kunden aufbauen. Mit diesen Kundenbeziehungen ist ein finanzieller Erfolg des Unternehmens möglich, dokumentiert im Ergebnis oder Wert." (Graßhoff, Jürgen, 2001, S. 364)

Durch die Ursache-Wirkungszusammenhänge wird die Unternehmensstrategie über die Finanz- und Kundenperspektive mit der Prozesslogik und schließlich mit den Maßnahmen auf Mitarbeiterebene verbunden.

Abbildung 38 stellt die Balanced Scorecard im Prozessmanagementsystem dar:

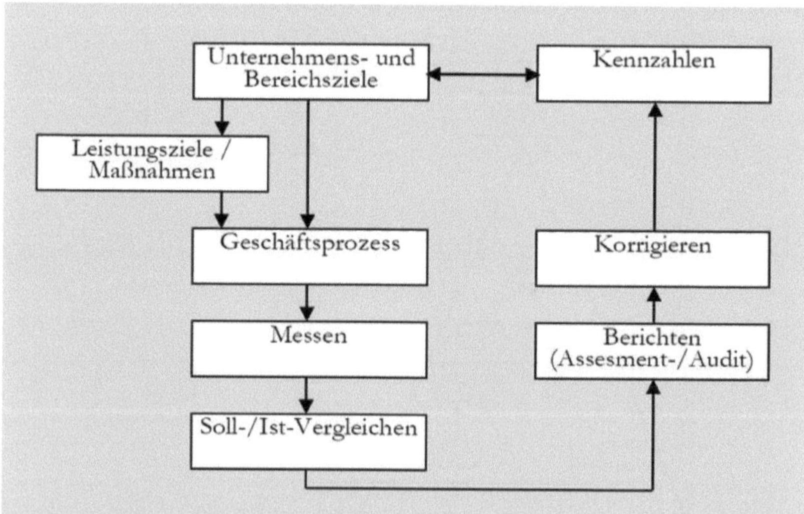

Abb. 38: Balanced Scorecard im Prozessmanagementsystem

Die Stärke der Balanced Scorecard liegt vor allem in der flexiblen Handhabung der einzelnen Perspektiven. Auf starre, mathematische Verknüpfungen wird vollkommen verzichtet. Die Dimensionen der Perspektiven können leicht und überschaubar an die jeweiligen Gegebenheiten eines Unternehmens angepasst werden. So können neben oder anstatt der typischen Perspektiven beispielsweise Umweltfaktoren, weitere Stakeholder wie Lieferanten oder auch branchenspezifische Faktoren Eingang in die Balanced Scorecard eines Unternehmens finden. Im Allgemeinen umfasst die Balanced

Scorecard mindestens die „Finanzperspektive“ und die „Kundenperspektive“. Somit ermöglicht die Balanced Scorecard der Unternehmensführung neben den finanziellen Aspekten auch Frühindikatoren für den Unternehmenserfolg zu steuern und die Entwicklung der Unternehmensvision zu verfolgen.

Die Balanced Scorecard muss – wie auch andere Kennzahlensysteme - permanent gepflegt werden. In einem kontinuierlichen Prozess werden Soll- und Ist-Werte ermittelt und überprüft. Durch entsprechende Maßnahmen werden die Soll-Werte an die aktuellen Gegebenheiten angepasst.

Für jede Perspektive werden zumeist drei bis vier Ziele, entsprechende Maßnahmen und die korrespondierenden Kennzahlen definiert.

6.2.1 Die Finanzperspektive

Leitfrage: Wie sollen wir gegenüber Teilhabern auftreten, um finanziellen Erfolg zu haben?

Mit den finanzwirtschaftlichen Leistungskennzahlen geben Sie die langfristigen Ziele Ihres Unternehmens an. Dies können auf Gewinn gerichtete Ziele sein, beispielsweise Return On Investment (ROI), aber auch andere Ziele sind möglich. Diese Ziele gelten innerhalb der Balanced Scorecard als Endziele der nachfolgenden Perspektiven.

Die Kennzahlen der **Finanzperspektive** sollen erkennen lassen, ob die Strategien des Unternehmens greifen und zu Verbesserungen führen. Dabei sollten die Kennzahlen aus den Erwartungen der Kapitalgeber des Unternehmens abgeleitet werden. Denn der Wert des eigenen Unternehmens für aktuelle und künftige Kapitalgeber hat einen hohen Einfluss auf die Erreichung der finanziellen Ziele.

Je nachdem, in welcher Phase sich ein Unternehmen oder ein Geschäftszweig aktuell befindet, können die finanzwirtschaftlichen Ziele unterschiedlich sein:

- **Wachstum:** In wachsenden Geschäftszweigen ist der Nachdruck auf finanzielle Leistungskennzahlen zu legen, die den wachsenden Umsatz positiv beeinflussen.
- **Stagnation:** Wegen des zunehmenden Wettbewerbs sollte der Schwerpunkt auf traditionelle Leistungskennzahlen (ROI, Rohge-

winnmarge, etc.) gelegt werden, wodurch eine Fokussierung auf die Amortisation der getätigten Investitionen errecht wird.

- **Rückgang**: Hier sollte der Fokus auf der Liquidität liegen, damit die bereits getätigten Investitionen so schnell wie möglich in das Unternehmen zurückfließen.

In Tabelle 14 werden die wichtigsten Ziele und Kennzahlen der Finanzperspektive innerhalb der Balanced Scorecard genannt:

Ziel	**Kennzahl**
Erhöhung der Kapitalverzinsung	Return-on-Investment
Sicherung der Finanzkraft	Cashflow
Sicherung der Liquidität	Liquidität 1. und 2. Grades
Erhöhung der Rentabilität	Umsatzrentabilität/Kapitalumschlag

Tab. 14: Ziele und Kennzahlen der Finanzperspektive

6.2.2 Die Kundenperspektive

Leitfrage: Wie sollen wir gegenüber unseren Kunden auftreten, um unsere Vision zu verwirklichen?

Hier werden Kennzahlen zusammengefasst, die den Kundenzielen und damit auch den Finanzzielen dienen.

Bei dieser Perspektive sind die Märkte oder Marktsegmente, in denen das Unternehmen sich bewegt oder bewegen möchte, zu identifizieren. Zugleich müssen Leistungskennzahlen gefunden werden, die die Leistung des Unternehmens auf dem betreffenden Markt wiedergeben. Diese Perspektive umfasst verschiedene allgemeine Maßstäbe, die die Leistung der Strategie auf dem Markt abbilden.

Praxishinweis

Die allgemeinen Leistungsmaßstäbe der Kundenperspektive sind an die Zielgruppe, wovon das Unternehmen das größte Wachstum und den größten Gewinn erwartet, anzupassen.

Die allgemeinen Leistungsmaßstäbe sind:

- Marktanteil;
- Kundenanteil;
- Wiederholungskäufe;
- Neukundengewinnung;
- Kundenzufriedenheit;
- Kundenwert.

Diese allgemeinen Maßstäbe sind nicht willkürlich gewählt, sie bilden einen Gesamtzusammenhang.

Abbildung 39 stellt die allgemeinen Maßstäbe und deren Gesamtzusammenhang innerhalb der Balanced Scorecard dar:

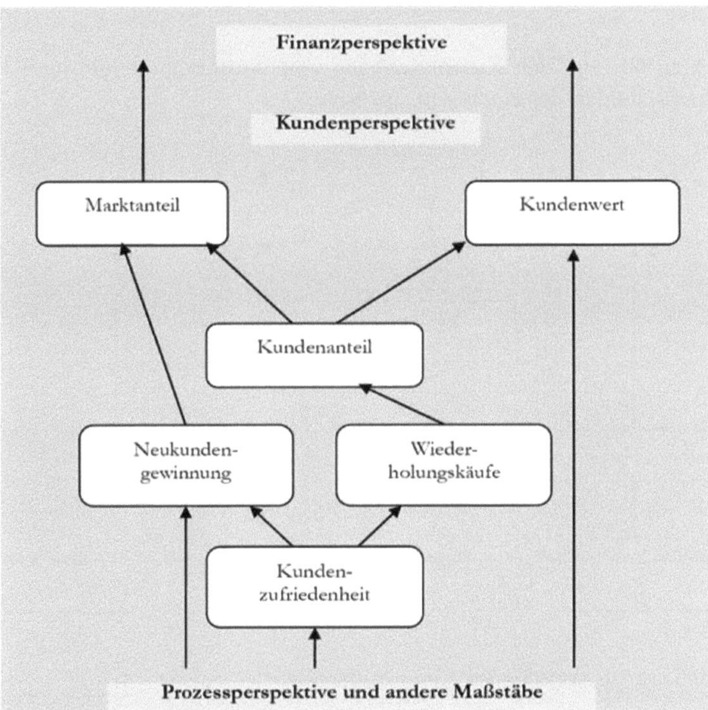

Abb. 39: Maßstäbe der Kundenperspektive

Die allgemeinen Maßstäbe der **Kundenperspektive** erklären nicht, warum ein Unternehmen auf dem Markt erfolgreich ist und ein anderes nicht. Dazu ist es notwendig, den Produktwert aus der Sicht der Kunden in die Betrachtung einzubeziehen. Aus Sicht des Kunden kann ein Produkt als Komposition von Werten, welche einen Beitrag zu seinen Wertketten leisten, gesehen werden. Welche Werte der Kunde einem Produkt entnimmt, ist von drei Wertkategorien abhängig:

- Produkt-/Service-Attribute: Dies umfasst unter anderem Funktionalität, Preis und Qualität.
- Image und Reputation: Dies betrifft vor allem die Art und Weise des Marktauftrittes.
- Beziehung zwischen Kunde und Unternehmen: Dies betrifft vor allem die Art und Weise, wie ein Kunde den Kauf- und Erfüllungsprozess erfährt.

Abbildung 40 zeigt den Zusammenhang von Wertkomponenten und Leistungsmaßstäben in der Kundenperspektive:

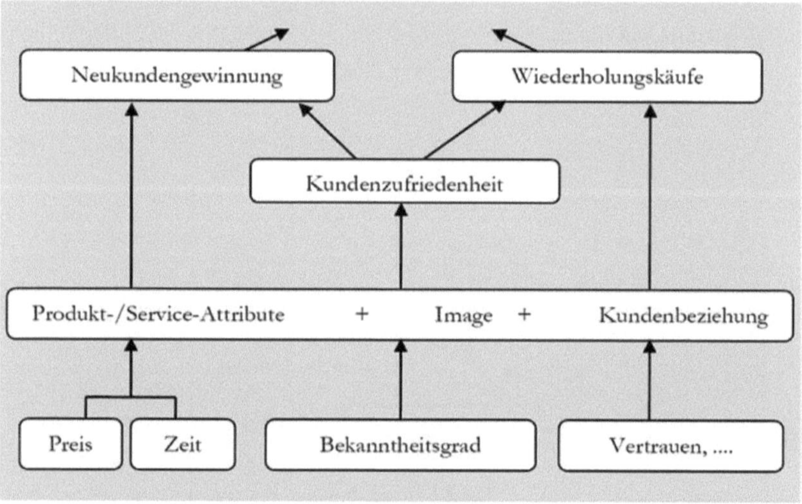

Abb. 40: Leistungsmaßstäbe der Kundenperspektive

In Tabelle 15 werden die wichtigsten Ziele und Kennzahlen der Kundenperspektive innerhalb der Balanced Scorecard genannt:

Ziel	Kennzahl
Erhöhung der Marktdurchdringung	Marktanteil
Neukundengewinnung	Anzahl der Neukunden
Erhöhung der Stammkunden	Anzahl der Wiederholungskäufe
Qualitätssteigerung	Reklamationsrate

Tab. 15: Ziele und Kennzahlen der Kundenperspektive

Praxishinweis
Innerhalb der Kundenperspektive sollte die Kundenzufriedenheit vor allem bei Dienstleistungsunternehmen ein hoch angesiedeltes Ziel sein. Denn Dienstleistungsunternehmen sind auf Grund der Immaterialität ihrer Dienstleistungen stark von der Kundenzufriedenheit und der daraus resultierenden Weiterempfehlungsqualität abhängig. Hier ist vor allem der Kundenbetreuungs- und Marketing-Bereich betroffen. Generell ist die Kundenzufriedenheit eine schwer messbare Kennzahl. Neben speziellen Kundenbefragungen sollte ein effizientes und effektives Beschwerde-Management zum Einsatz kommen.

6.2.3 Die Prozessperspektive (interne Perspektive)

Leitfrage: In welchen Geschäftsprozessen müssen wir die Besten sein, um unsere Teilhaber und Kunden zu befriedigen?

In dieser Perspektive müssen die kritischen internen Prozesse identifiziert werden, die für das Unternehmen von großer Bedeutung sind. Diese kritischen internen Prozesse ermöglichen es dem Unternehmen:

- einen Beitrag zu den Wertketten der Kunden zu leisten;
- den Erwartungen der Gesellschafter des Unternehmers entgegenzukommen.

Hier finden Kennzahlen Anwendung, die der Erreichung der Prozess- und Produktionsziele Rechnung tragen. Die internen Prozesse werden vor allem in den Dimensionen Zeit, Qualität und Kosten bewertet. Mit Hilfe dieser

Dimension werden einzelne Unternehmensbereiche durchleuchtet und die unternehmensinterne Transparenz befördert.

Die Realisierung der Ziele der internen Unternehmensprozesse beeinflusst die Verwirklichung der Ziele der Finanz- und Kundenperspektive.

In Tabelle 16 werden die wichtigsten Ziele und Kennzahlen der **Prozessperspektive** innerhalb der Balanced Scorecard genannt:

Ziel	Kennzahl
Einhaltung der Termine	Quote der Termintreue
Verbesserung der Effizienz	Auslastung der Maschinen/Geräte/ Mitarbeiter
Flexibilität der Leistungserstellung	Durchlaufzeiten
Senkung des Lagerbestandes	Lagerumschlagshäufigkeit

Tab. 16: Ziele und Kennzahlen der Prozessperspektive

6.2.4 Die Lern- und Entwicklungsperspektive (Mitarbeiter-Perspektive)

Leitfrage: Wie können die Veränderungs- und Wachstumspotenziale gefördert werden, um die Vision des Unternehmens zu verwirklichen?

Aus dieser Perspektive wird der Frage nachgegangen, welche Infrastruktur entwickelt werden muss, um langfristiges Wachstum zu erreichen. Hierbei sind die Teile der Infrastruktur im Fokus, die für den heutigen und zukünftigen Erfolg des Unternehmens wichtig sind.

Es finden Kennzahlen Anwendung, die der Erreichung der langfristigen Überlebensziele Rechnung tragen. Dabei werden sowohl Kennzahlen zur Beschreibung der Innovationsstärke des Unternehmens als auch Kennzahlen zu Motivation und Engagement der eigenen Mitarbeiter berücksichtigt.

In dieser Perspektive werden drei Hauptkategorien unterschieden:

- Qualifizierung der Mitarbeiter;

- Leistungsfähigkeit des Informationssystems (unter anderem zur entsprechenden Kommunikation innerhalb des Unternehmens);
- Motivation und Zielausrichtung der Mitarbeiter.

Die Ziele der **Lern- und Entwicklungsperspektive** wirken direkt auf die übergeordneten Ziele der Prozess-, Kunden- und Finanzperspektive ein.

In Tabelle 17 werden die wichtigsten Ziele und Kennzahlen der Lern- und Entwicklungsperspektive innerhalb der Balanced Scorecard genannt:

Ziel	Kennzahl
Geringe Mitarbeiterfluktuation	Fluktuationsrate
Erhöhung der Innovation	Anteil der Kosten von Forschung und Entwicklung am Gesamtumsatz
Erhöhung der Kompetenz	Weiterbildungskosten
Verbesserung der Mitarbeiter-Ausbildung	Teilnahme an Schulungen

Tab. 17: Ziele und Kennzahlen der Lern- und Entwicklungsperspektive

Der Zusammenhang der vier Perspektiven der Balanced Scorecard wird an einem einfachen Beispiel deutlich: Kunden werden von gut geschulten Mitarbeitern (Lern- und Entwicklungsperspektive) effektiver bedient. Dies führt zu kurzen Wartezeiten für die Kunden (Prozessperspektive). Müssen Kunden nur kurz warten, werden sie das Unternehmen weiter empfehlen (Kundenperspektive). Weiterempfehlungen führen zu neuen Kunden, zu mehr Umsatz und einem höheren Gewinn (Finanzperspektive).

Die Balanced Scorecard soll Daten liefern, die zur Steuerung des Unternehmens geeignet sind. Die Informationen müssen entscheidungsrelevant sein, müssen auch verwendet werden können und letztendlich allgegenwärtig sein. Unter allgegenwärtig wird verstanden, dass die Kennzahlen, die verwendet werden, im Unternehmen bekannt sind und beobachtet werden.

6.2.5 Weiterentwicklung der Balanced Scorecard

Über eine permanente Pflege und Kontrolle der Ziele und Kennzahlen hinaus kann die Balanced Scorecard an die besonderen Gegebenheiten und Entwicklungen eines Unternehmens, einzelner Teilbereiche des Unternehmens oder einer gesamten Branche angepasst, d.h. die entsprechenden Perspektiven können angepasst, erweitert oder reduziert werden.

Beispielsweise kann das Ziel „Nachhaltigkeit" in die Balanced Scorecard eines Unternehmens aufgenommen werden. Dies kann zum einen über eine fünfte Perspektive erreicht werden, oder zum anderen können Nachhaltigkeitsziele in die bestehenden vier Perspektiven integriert werden. Es könnten zum Beispiel folgende Ziele und Kennzahlen in die vier Perspektiven integriert werden:

Finanzperspektive

- **Ziel**: Nachhaltigkeitsorientierte Vermögensnutzung
- **Kennzahl**: Cashflow von nachhaltigkeitsorientierten Projekten

Kundenperspektive

- **Ziel**: Aufbau eines nachhaltigkeitsorientierten Images
- **Kennzahl**: Realisierter Marktanteil im Kundensegment, das durch nachhaltige Produkte neu erschlossen wurde.

Prozessperspektive

- **Ziel**: Nachhaltigkeitsorientierte Produktion
- **Kennzahl**: Abfallmenge/Emissionen/Gefahrstoffe pro Produktmenge

Lern- und Entwicklungsperspektive

- **Ziel**: Motivation für Nachhaltigkeit schaffen
- **Kennzahl**: Anzahl der Mitarbeiter, die sich in einer entsprechenden Umfrage als motiviert bezeichnen.

Des Weiteren kann eine weiter gefasste Perspektive der „Gesellschaft/Umwelt" in die Balanced Scorecard einbezogen werden. Dies ist vor allem bei Unternehmen sinnvoll, die im besonderen Maße von der Reputation bei ihren Stakeholdern (neben den Kunden und Mitarbeitern auch Lieferanten, Staat, Banken, Umweltverbände, Anwohner und Gemeinde) und in der breiten Öffentlichkeit abhängig sind. Beispielsweise kann dies bei größeren Unternehmen aber auch bei Non-Profit-Organisationen der Fall sein.

6.2.6 Anwendung

Für eine erfolgreiche Einführung der Balanced Scorecard werden folgende Handlungsschritte empfohlen:

[1] Definition der Zielsetzung: Was soll mit Hilfe der Balanced Scorecard erreicht werden?

[2] Auswahl der passenden Organisation (Geschäftsbereich, Profit-Center usw.), die die Pionierfunktion übernehmen soll, und Ernennung des Projektteams zur Umsetzung der Balanced Scorecard

[3] Identifizierung der Beziehungen der gewählten Organisation mit den anderen relevanten Organisationen (z.B. Abteilungen)

[4] Vorstellung des Konzepts der Balanced Scorecard bzw. Beantwortung von Fragen über die Balanced Scorecard

[5] Aufstellung und Priorisierung der Zielsetzungen für die gewählten Perspektiven

[6] Aufstellung der strategischen Ziele für jede Perspektive

[7] Auswahl der Kennzahlen

[8] Identifizierung der Informationsquellen für jede Kennzahl

[9] Identifizierung der Verknüpfungen zwischen den Kennzahlen einer Perspektive und der anderen Perspektiven

[10] Bereichsübergreifende Kommunikation der Inhalte der Balanced Sco-recard an alle Mitarbeiter

[11] Entwicklung eines Umsetzungsplanes

[12] Festlegung der Aktivitäten zur Erreichung der strategischen Ziele

[13] Implementierung der Balanced Scorecard

Für die Einführung der Balanced Scorecard ist ein Zeitraum von sechs bis zwölf Monaten realistisch. Vor allem der damit zusammenhängende EDV-Aufwand darf nicht unterschätzt werden.

Im Anschluss an die Implementierung der Balanced Scorecard folgt der kontinuierliche Prozess der Pflege, aus dem resultierend Lernprozesse folgen, die wiederum zur Weiterentwicklung der Balanced Scorecard innerhalb des Unternehmens führen.

Fallbeispiel einer Balanced Scorecard

In Tabelle 18 wird ein Beispiel für eine Balanced Scorecard dargestellt:

Finanzwirtschaftliche Perspektive									
Ziel	Messgröße	Einheit	Ist-Werte Quartal				Zielwert Jahr	erreicht % bis jetzt	erreicht % erwartet
			1	2	3	4			
Umsatzsteigerung	Netto-Umsatz	Mio. €							
Gewinn	Brutto-Betriebsergebnis	Mio. €							
Rentabilität	Return on Sales	%							
Kapitalverzinsung	Return on Investment/CF ROI	%							
Liquidität	Free Cash Flow	Mio. €							
Kundenperspektive									
Ziel	Messgröße	Einheit	Ist-Werte Quartal				Zielwert-Jahr	erreicht % bis jetzt	erreicht % erwartet
			1	2	3	4			
Marktdurchdringung	Marktanteil absolut /relativ	%/Faktor							
Kundentreue	Stammkundenquote	%							
Kundenzufriedenheit	Index	Punkte							
Kundenverlässlichkeit	Stornos	Anzahl							
Fehlerfreie Produkte	Retouren	Stück							
Innovations- und Wissensperspektive									
Ziel	Messgröße	Einheit	Ist-Werte Quartal				Zielwert Jahr	erreicht % bis jetzt	erreicht % erwartet
			1	2	3	4			

Neue Produkte	Umsatz Neu-/ Gesamtprodukte	%							
Qualität aufs erste Mal	Änderungen/ Nachbesserungen	Zahl							
Kontinuierliche Verbesserung	Weiterbildungskosten/ Mitarbeiter	%							
Talent zum Wandel	Anteil Mitarbeiter in Projekten	%							
Prozessperspektive									
Ziel	Messgröße	Einheit	Ist-Werte Quartal				Zielwert Jahr	erreicht % bis jetzt	erreicht % erwartet
			1	2	3	4			
Steuerungskompetenz	Produktions-Durchlaufzeit	Tage							
Qualität	Ausschussanteil	%							
Produktionseffizienz	Anlagenverfügbarkeit/Fehl--zeitenquote	%							
Credit Management	Zahlungsziel	Tage							
Verkaufseffizienz	Deckungsbeitrag I: direkte Struko	Faktor							

Tab. 18: Beispiel einer Balanced Scorecard

Praxishinweis

Im Laufe der Entwicklung der Balanced Scorecard hat sich herausgestellt, dass es für die Unternehmenssteuerung von Vorteil ist, sich auf wenige, aber wesentliche Kennzahlen zu beschränken, anstatt eine unübersichtliche Vielzahl von Daten zu verwenden. Es macht Sinn, dass man sich auf 10 bis 20 wesentliche Kennzahlen beschränkt.

6.2.7 Bewertung Balanced Scorecard

Neben dem Vorteil des ganzheitlichen Kennzahlensystems durch die Integration von nicht-monetären Zielen sind folgende weitere Vorteile mit der Anwendung einer Balanced Scorecard verbunden:

- Die Balanced Scorecard bietet die Möglichkeit, die Unternehmensstrategie zu kommunizieren und zu operationalisieren. Die Strategie kann durch Zerlegung der Gesamtaufgabe auf operatives Handeln innerhalb der entsprechenden Perspektiven herunter gebrochen werden.
- Durch die klaren Ursache-Wirkungs-Zusammenhänge werden Defizite und daraus resultierende wichtige Aufgaben des Unternehmens transparent. Frühindikatoren können zielgerichtet eingesetzt werden.
- Sofern die Lern- und Entwicklungsebene (Mitarbeiterebene) Teil der Balanced Scorecard ist, kann dies zur Mitarbeiter-Motivation führen, da die Mitarbeiter „ihre eigene Ebene" erhalten, die zum einen aufzeigt, dass jeder Mitarbeiter-Beitrag zur Erreichung der Gesamtstrategie des Unternehmens beiträgt. Zum anderen können die Mitarbeiter-Bedürfnisse berücksichtigt werden. Zur Nutzung dieses Vorteils ist eine bereichsübergreifende Kommunikation innerhalb des Unternehmens erforderlich.
- Die Balanced Scorecard kann für das Gesamtunternehmen und/oder für einzelne Teilbereiche eingesetzt werden.

Generell besteht bei der Anwendung der Balanced Scorecard die Gefahr, dass von Anfang an falsche bzw. unrealistische Ziele definiert werden, die durch das gesamte Unternehmen „gedrückt" werden. Neben dieser generellen Gefahr können folgende Nachteile auftreten:

- Für eine effektive Umsetzung der Balanced Scorecard sind umfassende Marktdaten und -kenntnisse erforderlich, die – sofern nicht vorhanden – aufwändig erhoben und ausgewertet werden müssen.
- Um eine langfristige Planung und auch Akzeptanz der vereinbarten Ziele gewährleisten zu können, muss für jede einzelne Kennzahl ein Verantwortlicher festgelegt werden, der heranzuziehen ist, wenn der Zielwert der Kennzahl nicht erreicht wird. Dies bringt einen hohen Verwaltungsgrad und einen starken Leistungsdruck auf die Kennzahlen-Verantwortlichen und auf deren unterstellte Mitarbeiter mit sich. Es sollte bei der Beurteilung des Zielerreichungsgrades von Kennzahlen in „zu verantwortende Abweichungen" und „nicht zu verantwortende Abweichungen" (z.B. bei

konjunkturellen Schwankungen) unterschieden werden. Des Weiteren sollten die Verantwortlichen bei der Festlegung der Soll-Größen mit einbezogen werden.

- Vorsicht ist geboten, wenn innerhalb der Verwendung der Balanced Sco-recard eine Leistungs- und Verhaltenskontrolle bei den Mitarbeitern vorgenommen wird. Wenn die Mitarbeiter nicht bei der Festlegung der Soll-Größen beteiligt werden, besteht ein hohes Risiko der fehlenden Akzeptanz.
- Wegen der Möglichkeit zur Mitarbeiter-Kontrolle unterliegen in Deutschland nach dem Betriebsverfassungsgesetz Unternehmen mit Betriebsrat der Mitbestimmung bei der Einführung einer Balanced Scorecard.
- Generell räumt die Balanced Scorecard keinen Raum für eventuell auftretende Risiken ein. Sollen die Risiken des Unternehmens in die Balanced Scorecard einbezogen werden, ist diese auf die Bedürfnisse des Unternehmens anzupassen und weiterzuentwickeln.

6.3 Wie werden Prozesse dargestellt?

Zur Darstellung von Prozessen können verschiedene Modelle und Techniken angewendet werden. Beispiele hierfür sind:

- Petrinetze;
- Ereignisgesteuerte Prozessketten (EPK);
- Vorgangskettendiagramme (VKD);
- Arbeitsablaufdiagramme;
- Dataflowdiagramme;
- Datenflusspläne;
- Informationsflussdiagramme.

Bei der Erstellung eines Prozessdiagramms sollten folgende Hinweise beachtet werden:

- In einem Diagramm sollten nicht mehr als 3 bis 4 Faktoren dargestellt werden.

Faktoren zur Erklärung von Prozessen können sein:
- Identifikation und Abgrenzung von einzelnen Prozessen in einer Organisation,
- Dauer, Parallelität,
- beteiligte Dokumente und Datenformen,
- Lokation (geografisch und organisatorisch),
- beteiligte Abteilungen und Mitarbeiter,
- Häufigkeiten,
- verwendete Methoden und Techniken und
- Ressourcen.

- Das Diagramm ist auf die Bedürfnisse und das Verständnis der Anwender abzustimmen.
  Verwenden Sie keine Symbole und Darstellungstechniken, von denen Sie nicht sicher sind, dass Ihre Leser sie kennen. Es ist sinnvoll, einen allgemeinen Gestaltungsrahmen zu vereinbaren, der dann für alle Prozessmodellierer verbindlich ist.
- Klarheit und Verständlichkeit gehen vor Vollständigkeit.
  Nicht alle Eventualitäten und Ausnahmen können in einem Pro zessdiagramm dargestellt werden. Verweisen Sie an diesen Punk ten im Diagramm auf einen erklärenden Anhang.
- Verwenden Sie für gleiche Bedeutungen immer gleiche Symbole.
  Verwenden Sie so wenige Symbole wie möglich, die aber immer gleich für gleiche Bedeutungen. Verwenden Sie nur dann neue Symbole, wenn die Differenzierung einen erheblichen Gewinn für die Aussagekraft des Diagramms bedeutet.
- Verwenden Sie nur sparsam Text.
  Trennen Sie soweit wie möglich Text und Diagramm. Verweisen Sie im Diagramm auf erklärenden Text im Anhang.
- Verwenden Sie immer das gleiche Format.
- Zeichnen Sie Diagramme von oben links nach unten rechts.

6.3.1 Petrinetze

Prozesse können mit Hilfe von Petrinetzen beschrieben, simuliert und berechnet werden. Damit eignen sich Petrinetze beispielsweise zur Prozessdarstellung, -analyse und -gestaltung.

In Abbildung 41 werden die bei Petrinetzen verwendeten Symbole dargestellt:

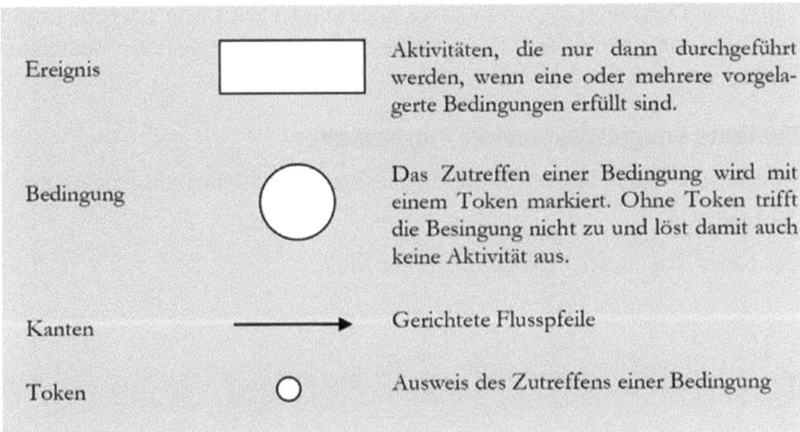

Abb. 41: Symbole von Petrinetzen

In Abbildung 42 wird am Beispiel eines Wareneingangs ein Petrinetz dargestellt.

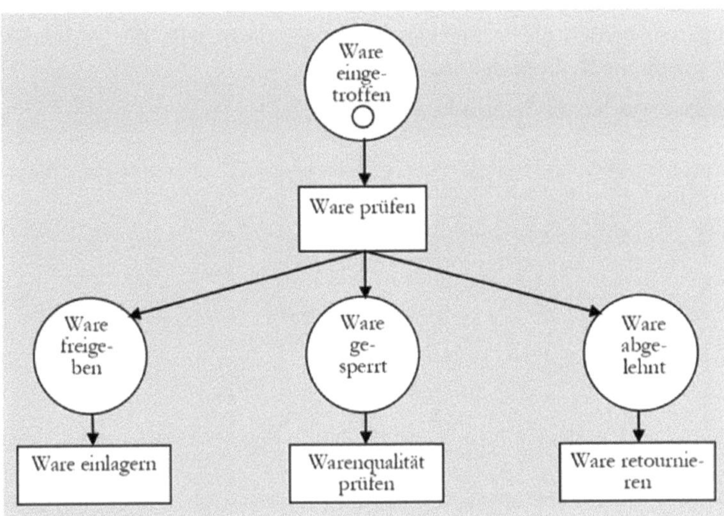

Abb. 42: Petrinetz

6.3.2 Ereignisgesteuerte Prozessketten (EPK)

→ **Ereignisgesteuerte Prozessketten** ist eine Technik, die in der Praxis häufig zur Darstellung von Prozessen angewendet wird. Ein Ereignis ist der Auslöser von Aktivitäten (Funktionen), die von Organisationseinheiten durchgeführt werden.

Elemente Ereignisgesteuerter Prozessketten

Prozesse werden bei dieser Methode mit folgenden Elementen dargestellt:

„Folge“

Das Kernelement der Darstellung ist der Pfeil.

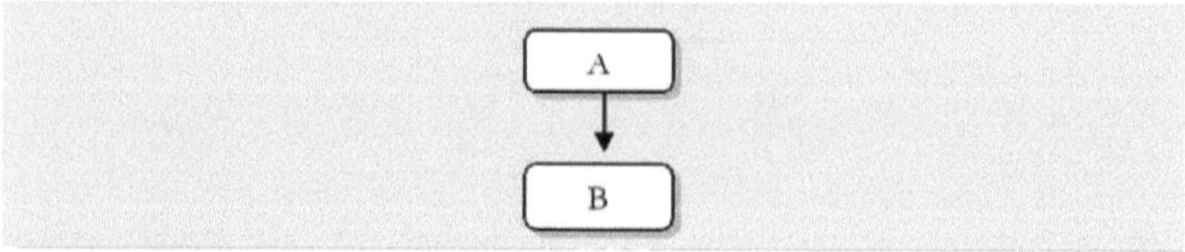

Abb. 43: „Folge“

Der Pfeil bedeutet: „Auf A folgt B“.

„Ereignisse und Aktivitäten“

Aktivitäten werden als rechteckige Kästchen dargestellt, die verbindenden Pfeile geben die Reihenfolge an.

Ereignisse werden als Sechsecke dargestellt.

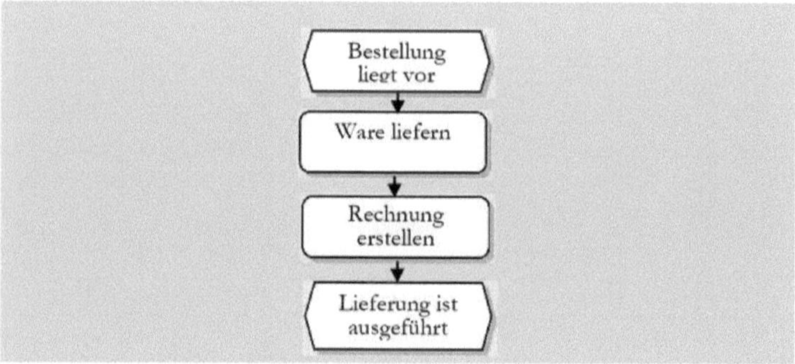

Abb. 44: „Ereignisse und Aktivitäten“

Aktivitäten werden immer mit einem Substantiv und einem aktiven Verb benannt.

Beispiele: Rechnung prüfen; fehlerhafte Rechnung reklamieren; Ware prüfen.

Ereignisse werden immer mit einem Substantiv und einem passiven Verb (Zustandspassiv) dargestellt.

Beispiele: Rechnung ist eingegangen; Rechnung entspricht Bestellung; Bestellung liegt vor.

Verzweigungen

Verzweigungen werden mit logischen Verknüpfungen dargestellt. Dazu werden die logischen Operatoren „und", „oder" und „entweder oder" verwendet.

„und"

Die Verknüpfung „und" bedeutet, dass alle darauf folgenden Aktivitäten unabhängig voneinander ausgeführt werden.

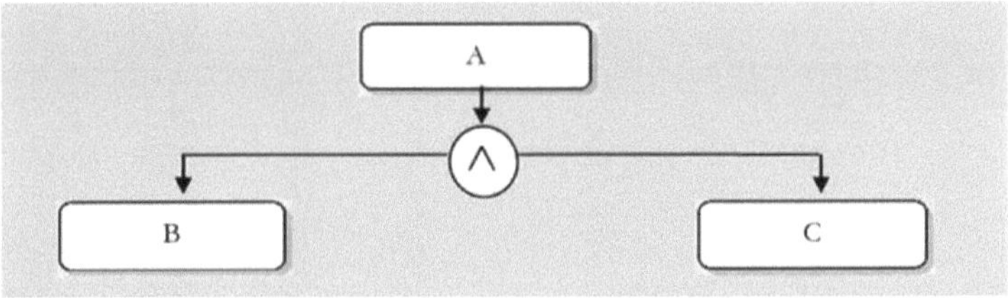

Abb. 45: „und-Verzweigung"

„oder"

Die Verknüpfung mit „oder" besagt, dass von den folgenden Ereignissen mindestens eines zutrifft. Es können aber auch mehrere oder alle Ereignisse zutreffen.

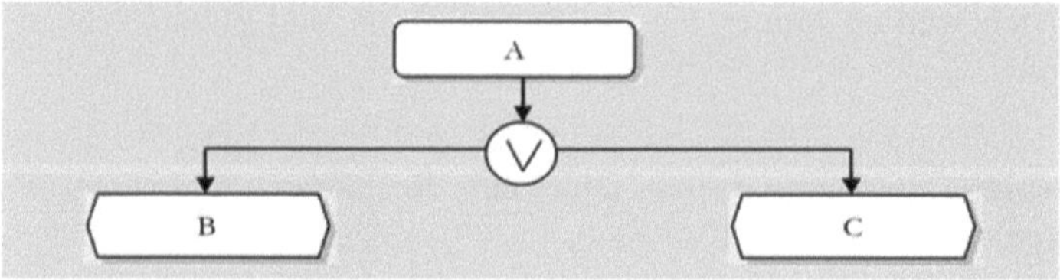

Abb. 46: „oder-Verzweigung“

„entweder-oder“-Ereignisse

Die Verknüpfung „entweder-oder“ (auch als „x-oder“ bezeichnet) besagt, dass von mehreren folgenden Ereignissen genau eines zutrifft. Es ist also nicht möglich, dass kein Ereignis zutrifft oder mehrere Ereignisse zutreffen.

Hinter jedem „oder“ bzw. „entweder-oder“ muss ein Ereignis folgen. Das Ereignis gibt an, welche Entscheidung dem „oder“ bzw. „entweder-oder“ zugrunde liegt.

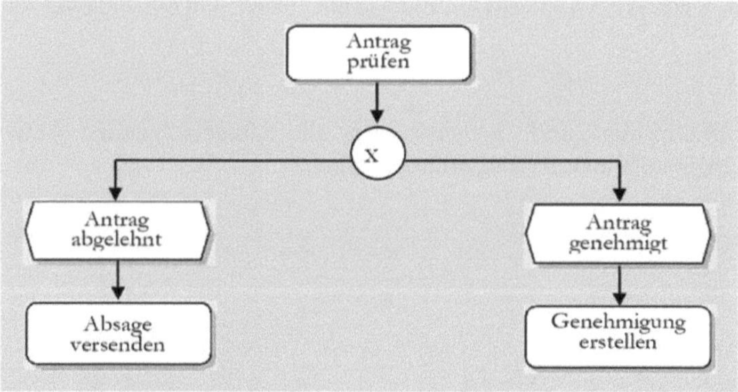

Abb. 47: „entweder-oder“ Ereignisse

Zusammenführungen

„und“-Zusammenführung

Eine „und“-Verzweigung im Prozessmodell besagt, dass, wenn Aktivität 1 abgeschlossen ist, sowohl Aktivität 2 als auch Aktivität 3 folgen. Mit einer „und“ Zusammenführung wird dargestellt, dass mit der Aktivität 4 erst angefangen werden kann, wenn die Aktivität 2 als auch die Aktivität 3 abgeschlossen sind.

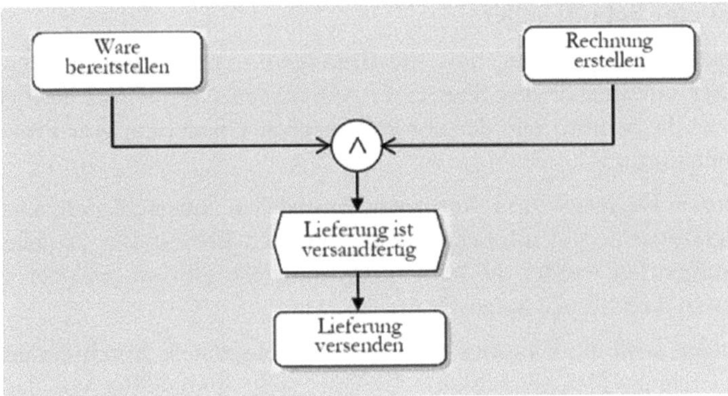

Abb. 48: „und"-Zusammenführung

„oder"- bzw. „entweder-oder"-Zusammenführung

Eine „oder"- bzw. entweder-oder"-Verzweigung besagt, dass, wenn Aktivität 1 abgeschlossen ist, Ereignis A oder Ereignis B (oder C, oder D) eingetreten ist. Mit einer „oder"- bzw. „entweder-oder"-Zusammenführung wird dargestellt, dass, egal welches Ereignis eingetreten ist, der folgende Ablauf gleich ist.

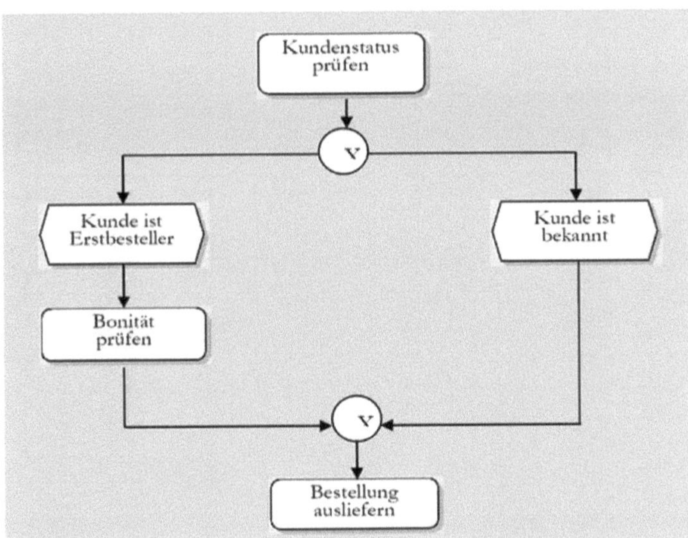

Abb. 49: „entweder-oder"-Zusammenführung

Was ist eine Schnittstelle?

Eine Schnittstelle gibt an, dass die Beendigung einer Aktivität oder eines Prozesses unmittelbar den Start einer Aktivität bzw. Prozesses auslöst. Damit dient die Schnittstelle der chronologischen Gliederung von Prozesszusammenhängen.

Es werden Eingangs- und Ausgangsschnittstellen unterschieden. Die Eingangsschnittstelle gibt an, aus welchem anderen Prozess der aktuelle Vorgang aufgerufen wurde; die Ausgangsschnittstelle gibt an, welcher andere Prozess an dieser Stelle ausgelöst wird.

Verbunden wird die Eingangs und Ausgangsschnittstelle durch ein gemeinsames Ereignis. Das gemeinsame Ereignis steht unmittelbar vor der Ausgangs- und direkt hinter der Eingangsschnittstelle. Hat ein Prozess mehrere Ausgangsschnittstellen, dann wird durch das Ereignis geklärt, an welche davon die Eingangsschnittstelle eines anderen Prozesses anknüpft.

„offene Schnittstelle"

In komplexen Prozesslandschaften ist die offene Schnittstelle ein Hilfsmittel auf einen anderen Prozess oder eine Detailebene hinzuweisen. Der andere Prozess oder die Detailebene muss noch nicht modelliert sein.

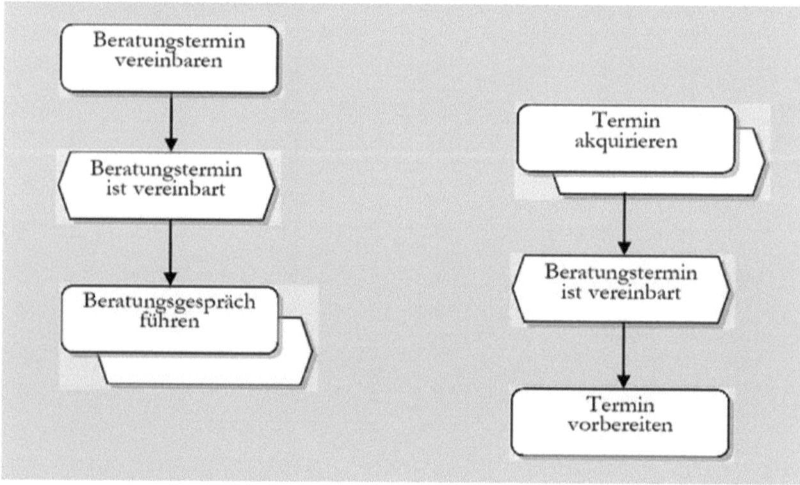

Abb. 50: „offene Schnittstelle"

Was ist eine Schachtelung?

In Prozessmodellen dient die Schachtelung dazu, das Modell vom Allgemeinen zum Speziellen aufzubrechen. In einem groben Modell werden nicht weiter differenzierte Tätigkeitskomplexe als eine Aktivität ausgewiesen und miteinander verknüpft. Zu jeder dieser Aktivität existiert ein weiteres Modell, das die Tätigkeiten in diesem Komplex näher spezifiziert.

Dieses Darstellungsmittel bietet die Möglichkeit der Modellierung größerer Zusammenhänge. Zudem können verschiedene Prozessmodelle in einem Unternehmen zu einem Gesamtmodell zusammengefasst werden.

Schachtelungen in einem Prozessmodell sind keine Einbahnstraßen. Denn bei der Betrachtung von Details in der Verschachtelung kann sich herausstellen, dass das darüber liegende aggregierte Modell verbessert werden muss.

Organisationsaspekt

„wird ausgeführt von“

Abb. 51: Organisationsaspekt

Beispiel: Mitarbeiter einstellen

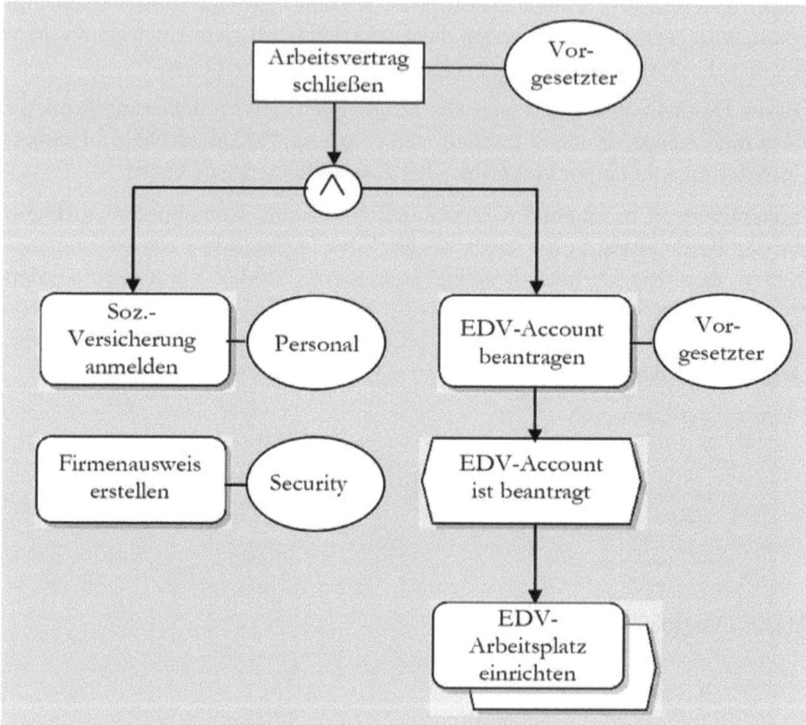

Abb. 52: Prozess Mitarbeiter einstellen

Zusammenfassung der Symbole

In Abbildung 53 werden die Symbole „Ereignisgesteuerter Prozessketten (EPK)“ zusammengefasst.

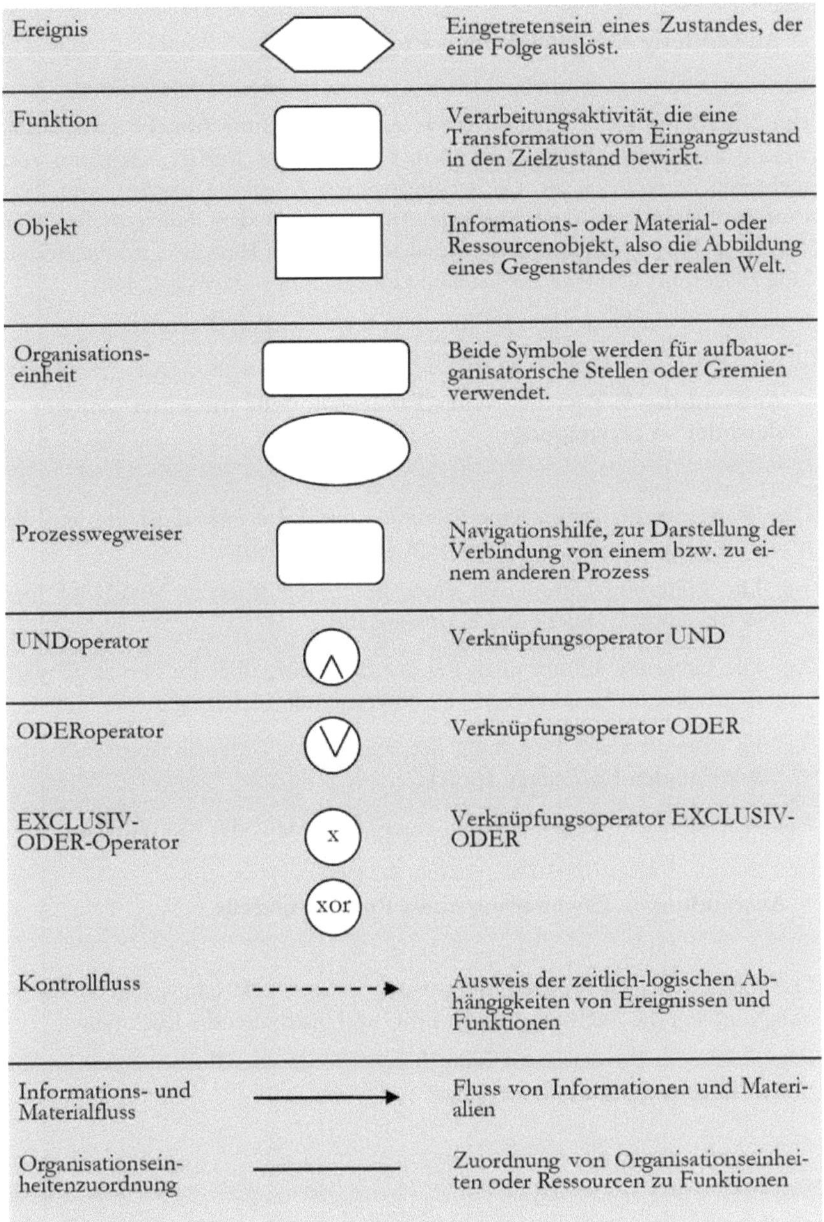

Abb. 53: Symbole Ereignisgesteuerter Prozessketten

Anwendung 4: Erstellen eines Prozessmodells

Ein Mitarbeiter stellt den Bedarf für eine Beschaffung fest. Er spezifiziert, welche Materialien benötigt werden. Der Einkauf fordert Angebote von mehreren Lieferanten an. Die eingegangenen Angebote werden vom Einkauf verglichen und das günstigste Angebot wird dem Kostenstellenleiter vorgelegt. Dieser genehmigt die Beschaffung. Vom Einkauf wird die Bestellung ausgeführt und eine Rückstellung im Buchungssystem gebucht.

Erstellen Sie ein Prozessmodell mit einer sequenziellen Bearbeitung.

Anwendung 5: Erstellen eines Prozessmodells mit einer „entweder-oder"-Verzweigung

Der Wareneingang nimmt eine Lieferung an und erfasst die Lieferung. Er prüft, ob der Lieferung eine Bestellung gegenübersteht.

1. Die Lieferung stimmt mit einer Bestellung überein: Mitarbeiter des Wareneingangs bucht den Wareneingang.
2. Die Lieferung stimmt nicht mit der Bestellung überein: Der zuständige Bearbeiter im Einkauf regelt die abweichende Lieferung.
3. Es existiert keine Bestellung der Ware: Der Wareneingang sendet die Ware an den Lieferanten zurück.

Erstellen Sie ein Prozessmodell mit einer „entweder-oder"-Verzweigung.

Anwendung 6: Erweiterung eines Prozessmodells

Der Sachbearbeiter im Rechnungswesen erfasst eine eingegangene Rechnung und legt die Rechnung ab. Er prüft und bearbeitet die Rechnung.

Fügen Sie dem Prozess aus Übung 5 den Prozess des Rechnungseinganges bis zur Rechnungsbearbeitung hinzu.

Hinweise für Ereignisgesteuerte Prozessdiagramme

Welche Daten sind relevant?

- Ressourcen (Dokumente, Formulare, Dateien)
- Arbeitsschritte (Beschreibung oder Benennung eines einzelnen Schrittes)
- Zuständigkeiten (Prozesseigner, Case-Team, Organisationseinheit)
- Meilensteine (Zeitpunkte, Ziele, Teilziele)
- zeitliche Abfolge (Sequenzen)

Welche Anforderungen sind an die Darstellungsform zu stellen?

- Eindeutigkeit
- Vollständigkeit
- Einfachheit
- leichte Verständlichkeit
- einfache Pflege
- Akzeptanz

Wie sind Prozessmodelle darzustellen?

- Top-down-Prinzip (Grob-/Fein-/Detailmodell)
- System aus miteinander in Verbindung stehender Elemente (Netz)
- Element Funktion (Operation) durch Rechtecke darstellen
- Element Ereignis durch Raute darstellen
- Verbindung von Element durch Linien/Pfeile darstellen

Welche Bausteine benötigen Sie zur Prozessdarstellung?

- Ziele, Kunden, Eigner und Kennzahlen
- Funktionen
- Ereignisse
- Verknüpfungen

- Ressourcen
- Zuständigkeiten
- Schnittstellen

Ziele, Kunden, Eigner, Kennzahlen

- Prozessziele definieren den Zweck und somit die Daseinsberechtigung eines Prozesses.
- Die Definition des Kunden eines Prozesses hilft bei der Prozessoptimierung und beim Hineindenken in den Kunden. Beispiel: Probleme des Kunden, Anforderungen des Kunden, Branche, Größe.
- Der Prozesseigner oder das Prozesseignerteam ist für den reibungslosen zielgerichteten Ablauf und die Optimierung eines oder mehrerer Prozesse zuständig. Beispiel: Frau Pieper, Herr Günther.
- Kennzahlen dienen der schnellen Feststellung des Zielerreichungsgrades eines Prozesses. Bespiel: Reklamationsrate.

Funktionen (Was?)

- Element beschreibt eine Tätigkeit, Aktion oder Phase, die ein bestimmtes Ergebnis (Ereignis) zur Folge hat.
- Form: Objekt (Substantiv) + Verrichtung (Verb). Beispiel: Ware einlagern, Angebot erstellen.
- Darstellung durch Rechtecke mit „runden Ecken".

Ereignisse

- Element beschreibt einen Zustand, einen Zeitpunkt oder einen Meilenstein als Ergebnis einer Funktion.
- Form: Objekt (Substantiv) + Zustand (Zustandsverb). Beispiel: Ware ist eingelagert, Angebot ist erstellt.
- Darstellung durch Raute.

Verknüpfungen (Wie?)

- Verschiedene Elemente werden miteinander durch Linien oder Pfeile verbunden.
- Pfeilrichtung zeigt die Richtung des Ablaufs an. Beispiel: nach „Angebot erstellen“ folgt „Angebot ist erstellt“.
- Elemente beschreiben Prozessverzweigungen oder Zusammenführungen.
- Symbole „und“, „oder“, „entweder-oder“(X). Beispiel: Nach Angebotserstellung teilt sich ein Prozess in „Angebot versenden“ und „Angebot auf Wiedervorlage legen“.

Ressourcen (mit was? für was?)

- Elemente beschreiben, welche Ressourcen verbraucht und geschaffen werden.
- Ressourcen hängen immer an Funktionen.
- Pfeil von Ressource zu Funktion = Verbrauch; von Funktion zu Ressource = Ergebnis der Funktion.

Zuständigkeiten

- Element beschreibt, welche Stelle für die Durchführung einer Funktion zuständig ist.
- Form: keine Personen, nur Stellen! Beispiel: Verkauf, Einkauf, Prozesseigner XY.
- Darstellung durch Oval oder Rechteck.

Schnittstellen

- Element beschreibt das Springen zu einem anderen Prozess oder einer Detailebene.
- Form: Objekt + Verrichtung. Beispiel: Angebot erstellen.
- Darstellung mit Ereignis und Funktion.

Welche Regeln sind bei der Darstellung von Prozessen mit EPK's zu beachten?

- Reihenfolge
- Verzweigungen
- Schnittstellen

Regeln für die Reihenfolge

- Reihenfolge immer: Ereignis, Funktion, Ereignis, Funktion, Ereignis ....
- rechts Zuständigkeiten definieren.
- links Ressourcen definieren.
- Am Anfang und am Ende immer ein Ereignis darstellen (Anfang: Startereignis, Trigger).
- einfach halten/weniger ist mehr.

Regeln für Verzweigungen

- nach „und-Verzweigungen" stehen immer Funktionen (Aktivitäten).
- nach „oder"- bzw. „entweder-oder"-Verzweigungen stehen immer Ereignisse.
- Zusammenführungen sind entsprechend der Verzweigungen darzustellen.

Anwendung 7: Fehler im Prozessmodell finden

Markieren Sie die Fehler im abgebildeten Prozessmodell und korrigieren Sie diese.

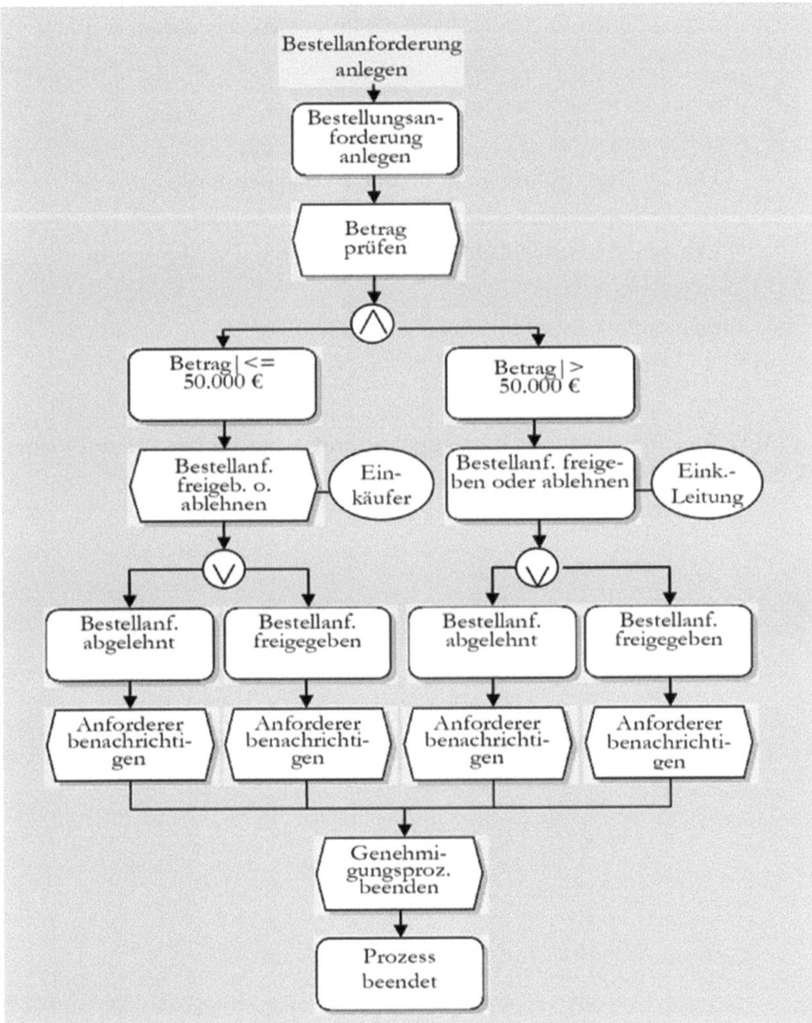

Abb. 54: Fehler im Prozessmodell finden

6.3.3 Vorgangskettendiagramm

In → **Vorgangskettendiagrammen** werden Ereignisgesteuerte Prozessketten (EPK) mit Hilfe einer Matrizendarstellung nach Merkmalen systematisiert. Die Spalten weisen die Merkmale aus. Der Kontrollfluss verläuft von oben nach unten.

Beispielsweise können folgende Merkmale Prozessen zugeordnet werden:

- Ereignisse, Funktionen und Informationen
- Verarbeitungsart
  - Dialog: Durchführung im Mensch-Maschinen-Dialog
  - Batch: Stapelverarbeitung durch das EDV-System
  - Manuell: Ausschließliche Bearbeitung durch den Menschen
- Anwendungssystem
- Organisationseinheit

In Abbildung 55 wird ein **Vorgangskettendiagramm** am Beispiel einer Wareneingangsprüfung dargestellt.

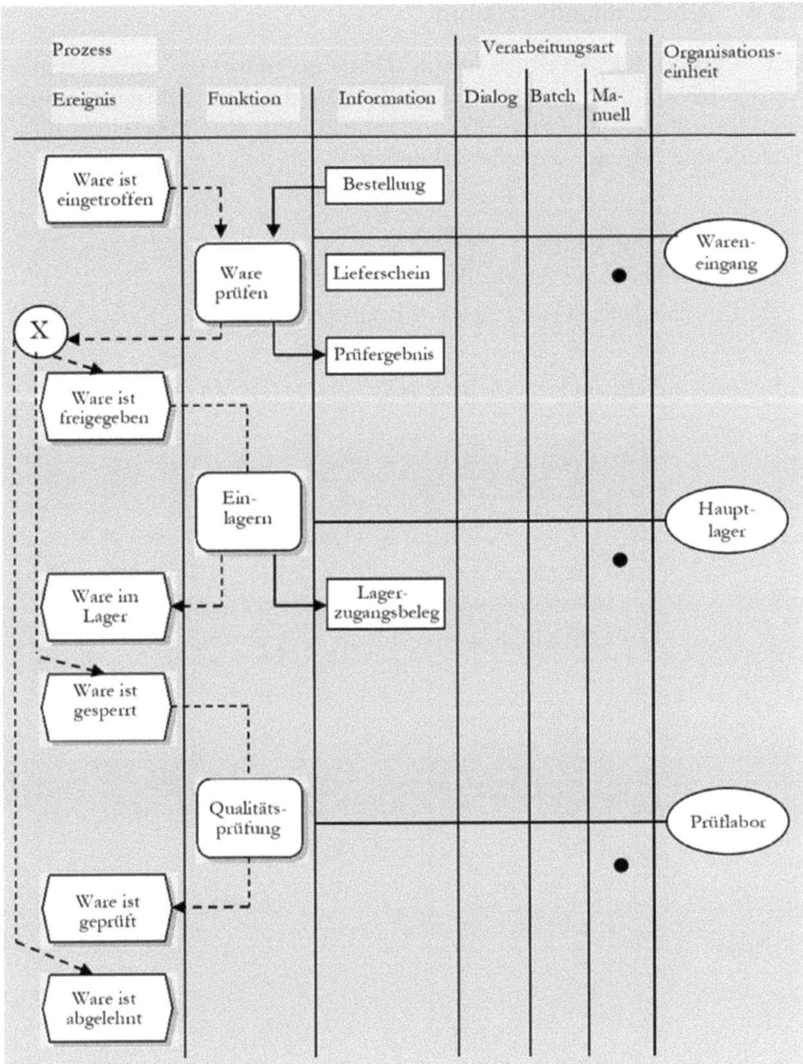

Abb. 55: Vorgangskettendiagramm

6.3.4 Arbeitsablaufdiagramm

Der Verband für Arbeitsgestaltung, Betriebsorganisation und Unternehmensgestaltung (REFA) empfiehlt die Technik der Arbeitsablaufdiagramme zur Darstellung von Prozessen anzuwenden. Mit der Anwendung dieser Technik sind folgende Vorteile verbunden:

- Verwendung weniger Sinnbilder;
- Unterscheidung verschiedener Verzweigungsarten;
- Anschaulichkeit (für Laien verständlich).

Arbeitsablaufdiagramme werden mit folgenden Symbolen dargestellt:

Funktion		Verarbeitungsaktivität, die eine Transformation vom Eingangs- in den Zielzustand bewirkt.
Grenzstelle		Auslösendes und abschließendes Ereignis: Quelle oder Senke des Prozesses.
ODERverzweigung		ODER- und EXCLUSIVODER-Verzweigung
Fluss		Ausweis der zeitlich/logischen Abhängigkeit von Funktionen und Grenzstellen.

Abb. 56: Symbole von Arbeitsablaufdiagrammen

Der Prozess der Wareneingangsprüfung könnte beispielsweise in einem Arbeitsablaufdiagramm wie folgt abgebildet werden:

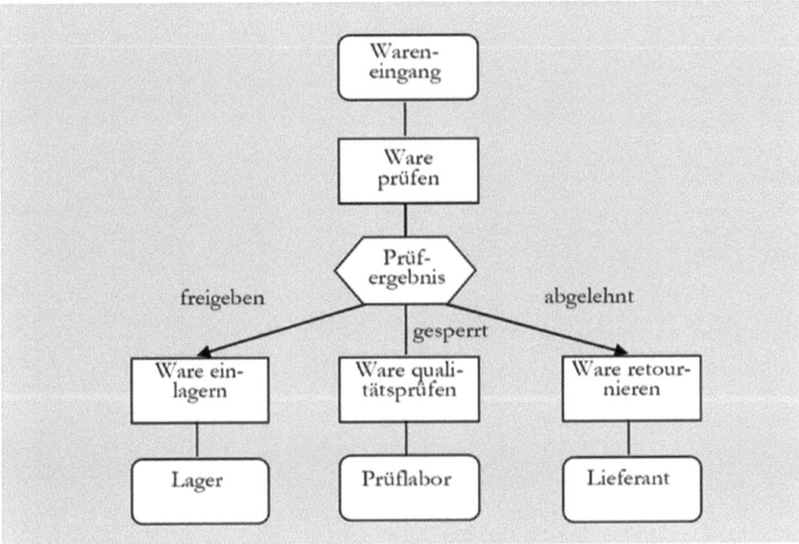

Abb. 57: Arbeitsablaufdiagramm Wareneingangsprüfung

Literaturtipps

Schmelzer, H.J./Sesselmann, W. (2003): Geschäftsprozessmanagement in der Praxis, München, Wien.

Steunbuch, P.A. (1998): Prozessorganisation, Business Reengineering, Beispiel R/3, Ludwigshafen.

Posluschny, P./Treuner, F. (2009): Prozesskostenmanagement. Instrumente und Anwendungen, München, Wien.

Kapitel 7

Methoden zur Diagnose von Geschäftsprozessen

7.1 Kategorien zur Prozessdiagnose

In Abbildung 58 werden die Kategorien zur → **Prozessdiagnose** dargestellt.

Abb. 58: Kategorien der Prozessdiagnose

7.2 Leitfaden für die Prozessdiagnose

Eine Prozessdiagnose ist nicht willkürlich durchzuführen; sie sollte, um entscheidungsrelevante Daten zu erlangen und zur Verbesserung eines Prozesses beizutragen, folgende Aktivitäten systematisch durchführen:

- Prozessziele und Kundendefinitionen erfassen;
- Arbeitsschritte auflisten (Funktionen, was?);
- Arbeitsschritte ordnen (Reihenfolge);
- Fertigstellung der Arbeitsschritte festlegen (Ereignisse, wann?);
- Zuständigkeiten klären (Organisationseinheiten, wer?);

- Ressourcen erfassen (Ressourcen, mit was?, für was?).

7.3 Prozess-Checks

Prozess-Checks dienen dazu, mit geringem Aufwand eine fundierte Basis zur Verbesserung der Geschäftsprozesse zu gewinnen. Folgende Ziele können mit einem Prozess-Check verfolgt werden:

- Prozessgüte steigern;
- Strategie-Zielorientierung sicherstellen;
- Eindeutigkeit und Einfachheit der Prozesse fördern;
- Modellierungsfehler entdecken und beheben;
- mögliche Probleme frühzeitig erkennen;
- Entwicklungspotenzial aufzeigen.

Zur Erreichung der genannten Ziele werden in der Praxis verschiedene Methoden einzeln oder kombiniert angewendet. In der Praxis haben sich die folgenden Methoden des Prozess-Checks und in der unten angegebenen Reihenfolge der Durchführung als erfolgreich erwiesen:

[1] Goel-Fitting-Check;
[2] Top-down-Check;
[3] Bottom-up-Check;
[4] Regel-Check.

7.3.1 Goal-Fitting-Check

Der → **Goal-Fitting-Check** dient der Koppelung der Prozesse an Vision und Ziele des Unternehmens. Folgende Fragen sollten gestellt und beantwortet werden:

- Was trägt der einzelne Prozess zur Erreichung von Vision und Ziele der Unternehmung bei?
- Welche Prozesse unterstützen welche Ziele der Unternehmung oder andere Prozesse?
- Inwieweit trägt der Prozess wirklich zur Erreichung des eigenen Prozessziels bei?
- Existieren qualitätsrelevante Funktionen und Abläufe?

7.3.2 Top-down-Check

Die Durchführung eines Top-down-Checks ist zur Feststellung, ob ein Prozess korrekt abgebildet wurde, als geeignet anzusehen. Ausgangspunkt des Top-down-Checks ist der Startpunkt eines Prozesses. Es sind bei einem Top-down-Check folgende Sachverhalte zu prüfen:

- Prozess vom Startbeginn bis zum letzten Ereignis durchgehen und prüfen.
- Prüfen, ob der Ressourcenfluss nachvollziehbar und vollständig dargestellt ist.
- Wird durch die vorliegende Funktion die Basis für die nächste Funktion geschaffen?
- Stimmt die logische Reihenfolge?
- Sind Verzweigungen syntaktisch richtig?

7.3.3 Bottom-up-Check

Der Bottom-up-Check dient ebenfalls der Prüfung, ob ein Prozess korrekt abgebildet wurde. Jedoch ist hier das letzte Ereignis eines Prozesses der Ausgangspunkt der Prüfung. Bei einem Bottom-up-Check sind folgende Sachverhalte zu prüfen:

- Vom letzten Ereignis ausgehend den Prozess zurück zum Anfang überprüfen.
- Woher kommen Ressourcen für die Funktion? Wo werden sie erstellt und wie werden sie weitergeleitet?

- Fragestellungen: Was muss vor der aktuellen Funktion stehen? Welche Vorbereitungen sind notwendig? Sind die Bedingungen erfüllt?

7.3.4 Regel-Check

Der → **Regel-Check** hat sicherzustellen, dass die Abbildungsregeln bei der Darstellung eines Prozesses korrekt angewendet wurden. Es sind folgende Fragen zu stellen und zu beantworten:

- Stimmt die Reihenfolge Ereignis, Funktion, Ereignis,....?
- Sind nach Verknüpfungen die richtigen Elemente platziert?
- Stimmen bei den Schnittstellen die jeweils ersten und letzten Ereignisse mit dem vorgelagerten und nachgelagerten Ereignis des Schnittstellensymbols überein?

7.4 Recherchemethoden

Es gibt eine Vielzahl von Recherchemethoden zur Gewinnung von Daten zur Diagnose von Geschäftsprozessen. Einige – in der Praxis häufig angewandte – Methoden werden hier knapp vorgestellt und hinsichtlich ihrer Eignung zur Gewinnung von Daten zur Diagnose von Geschäftsprozessen beurteilt.

7.4.1 Teilnehmende Beobachtung

Die teilnehmende Beobachtung erlaubt einen detaillierten eigenen Überblick über die Prozesse hinsichtlich Ablauf und Zeit. Jedoch kann die teilnehmende Beobachtung bei den beobachteten Mitarbeitern zu unerwünschten Reaktionen führen, die die Ergebnisse der Beobachtung verfälschen. Die Verfälschung der Ergebnisse wird je nach wahrgenommener Intension der Beobachtung unterschiedlich ausfallen.

Es sind folgende Nachteile mit der teilnehmenden Beobachtung verbunden:

- Es entsteht Misstrauen wegen der Beobachtung.

- Die Mitarbeiter werden ihr Arbeitsverhalten während der Beobachtung verändern (Verhaltensänderung).

7.4.2 Daten- und Aktenrecherche

Die Daten- und Aktenrecherche kann bei der Diagnose von Geschäftsprozessen sehr hilfreich sein. Insbesondere ist die Daten- und Aktenrecherche geeignet, Indikatoren für Prozessfehler zu definieren.

Das Beschwerdemanagement ist eine sehr gute Quelle zur Feststellung von Fehlern im Prozess. Hier zeigen sich meist die Prozessfehler.

Praxishinweis

Prüfen Sie: Kommen bestimmte Beschwerden öfters vor? Sind das berechtigte Beschwerden? Meist haben Sie damit einen Pain Point des Prozesses gefunden.

Ebenso sind Befragungen der Mitarbeiter zur Arbeitsplatzzufriedenheit eine Quelle zur Feststellung von Fehlern im Prozess.

7.4.3 Prozessworkshops

Zur Gewinnung von Daten zur Diagnose eines Prozesses kann ein Workshop mehrere Ziele verfolgen:

- Prozessablauf aus unterschiedlichen Perspektiven erfahren.
- Die wichtigsten Baustellen im Prozess erkennen.
- Unterschiedliche Wahrnehmungen des Prozesses durch die Mitarbeiter erkennen.
- Ziele des Prozesses gemeinsam definieren.
- Mitarbeiter sollen den Prozess als Zusammenhang kennen lernen.
- Plattform bieten zum Austausch von Wahrnehmungen, Meinungen und Hinweisen.
- Für Probleme gemeinsam Lösungen finden.

Zur Erreichung dieser Ziele ist ein gut vorbereiteter Ablauf erforderlich. Ebenso wichtig ist es, die Ergebnisse ausführlich zu protokollieren.

Die folgenden Punkte gehören auf die To-do-Liste zur Vorbereitung des Workshops:

- Moderationsplan/Tagesordnung erstellen;
- Moderator auswählen;
- Termin festlegen;
- Prozessbeteiligte einladen;
- Material für Prozessmoderation vorbereiten (Beispielprozesse, Arbeitsmaterialien);
- Tagungsraum vorbereiten;
- Verpflegung ordern.

7.4.4 Interview

Interviews sind eine in der betrieblichen Praxis weit verbreitete Methode zur Gewinnung von Daten zur Verbesserung der Geschäftsprozesse. Interviews werden in verschiedene Arten und Formen unterteilt.

7.4.4.1 Interviewarten und -formen

Befragungen können nach der Art ihrer Durchführung in:

- schriftliche Befragungen,
- Telefoninterviews und
- mündliche Befragungen

unterschieden werden.

In der betrieblichen Praxis wird überwiegend die mündliche Befragung präferiert. Gegenüber den anderen Interviewarten hat die mündliche Befragung folgende Vorteile:

- Emotionale Widerstände der Befragten können von dem Interviewer erkannt und abgebaut werden.
- Neben Sachinformationen kann der Interviewer Einstellungen, Stimmungen und Meinungen wahrnehmen.

- Der Befragte kann sich bei richtiger Interviewführung mit der Untersuchung und den Ergebnissen identifizieren.
- Im Interviewverlauf können neue Aspekte, die sich erst im Interview ergeben, aufgenommen werden. Fragen können an den Befragten und der Befragungssituation angepasst werden.

Entsprechend dem Antwortraum der Befragten wird die Interviewform unterschieden in:

- standardisierte,
- strukturierte und
- freie Interviews.

Planung des Interviews

Vorbereitung

Bei der Vorbereitung müssen Sie die Gesprächspartner, die Sie interviewen möchten, nach bestimmten Gesichtspunkten auswählen. Dabei ist ein wesentlicher Gesichtspunkt, welche Rolle der Interviewte im Prozess hat.

Vor der Durchführung des Interviews sollten Sie sich über den Interviewpartner informieren, damit Sie das Interview zielgerichtet führen können. Folgende Informationen könnten wichtig sein:

- Aus welcher hierarchischen Ebene kommt Ihr Gesprächspartner?
- Ist Ihr Gesprächspartner Kunde oder Beteiligter im Prozess?
- Wie ist der Kenntnisstand des Gesprächspartners?
- Müssen Sie bestimmte Begrifflichkeiten erklären?
- Kennt der Gesprächspartner Interna?

Gestaltung des Interviewleitfadens

Bei der Formulierung Ihrer Fragen sollten Sie auf Wortwahl und Satzbau achten. Es sind einige Regeln für den Erfolg des Interviews von Bedeutung:

- Stellen Sie nur eine kurze Frage, keine Frageketten.

- Stellen Sie konkrete Fragen.
- Stellen Sie keine Suggestivfragen, die eine bestimmte Beantwortung provozieren.
- Beziehen Sie sich nur auf einen Sachverhalt.
- Vermeiden Sie Schachtelsätze.
- Verzichten Sie auf Fachausdrücke, Fremdwörter und Abkürzungen, wenn Sie nicht sicher sind, dass diese bekannt sind.
- Verwenden Sie eindeutige Begriffe.
- Formulieren Sie neutral.
- Vermeiden Sie doppelte Negationen.

Durchführung des Interviews

Zunächst ist der zu Befragende auf den zu führenden Dialog vorzubereiten. Die Vorbereitung des Dialogs umfasst:

- eine persönliche Vorstellung des Interviewers,
- die Ziele der Befragung,
- einen Überblick über den Gesprächsverlauf,
- die geplante Zeit und
- die Art der Protokollierung sowie das Vorgehen bei der Auswertung.

Danach könnten Sie das Interview mit der Vorlage Ihres Prozessdiagramms beginnen. Dieses sollte Ihre aktuelle Sicht des Prozesses abbilden. Lassen Sie den Befragten prüfen, ob die Darstellung aus der Sicht des Interviewten stimmig ist. Wenn sich die Sicht des Interviewten von Ihrer Sicht nicht in der Grobstruktur unterscheidet, lassen Sie den Interviewten die Darstellung des Prozesses spezifizieren. Entweder erfahren Sie viel Neues oder Sie hören bekannte Details, die Sie nicht in die Prozessstruktur aufnehmen wollten.

Ist der Befragte mit Ihrer Sicht der Darstellung des Prozesses nicht einverstanden, bitten Sie ihn, den Prozess aus seiner Sicht abzubilden. Eventuell stellt er einen Alternativablauf dar, wie er ihn erlebt. Dann erfahren Sie viele neue Details. Klären Sie, wie der Prozess in seiner Arbeitswelt aussieht.

In dem Gespräch sollten folgende Punkte geklärt werden:

- Welche Rolle hat der Interviewte in dem Prozess?
- Lässt sich das Ergebnis des Prozesses quantifizieren?
- Wie viel Zeit braucht er für die Bearbeitung des Prozesses?
- Wie viele dieser Prozesse bearbeitet er in einem bestimmten Zeitraum?
- Wie organisiert er seine Arbeit im Prozess?
- Wo sieht er den wertschöpfenden Beitrag seiner Arbeit im Prozess?
- Welche Form der Kommunikation pflegt der Interviewte zu den Lieferanten und den Abnehmern des Prozesses?
- Wie verläuft der Informationsfluss?
- Wo sieht der Interviewte Probleme im Prozess?
- Welche Ideen hat der Interviewte zur Lösung der Probleme?

Praxishinweis

Erstellen Sie sich einen Gesprächsleitfaden, in dem Sie die Abfolge der zu klärenden Fragen aufschreiben. Die oben angeführten und andere Fragen sind nicht explizit, sondern situationsgerecht zu stellen.

Auswertung des Interviews

Nachdem Sie ein Interview durchgeführt haben, müssen Sie mit Ihrem Co-Interviewer zusammen das Interview auswerten. Alle aufgezeichneten Probleme und Daten stellen Sie zusammen und ordnen sie Ihren Diagnosefragen zu. Denn Antworten auf die Diagnosefragen zu finden ist die primäre Aufgabe des Interviews. Es sind zusätzlich folgende Fragen zu klären:

- Welches zusätzliche Detailwissen über den Ablauf, die Häufigkeit, den Zeitbedarf, die Organisation usw. haben Sie gewonnen?
- In welchen Punkten haben Sie unterschiedliche Wahrnehmungen festgestellt?
- Können die Differenzen durch „Fakten“ ausgeräumt werden? Sind die Differenzen evtl. auf Fehler im Prozess zurückzuführen?
- Welche Fehlerquellen werden von dem Interviewten gesehen?
- Welche Lösungen werden von dem Interviewten vorgeschlagen?

Dokumentation der Interviewergebnisse

EDV-Programme zur Prozessuntersuchung können die Dokumentation der Interviewergebnisse unterstützen. Folgende Hauptfunktionen bieten EDV-Programme zur Prozessuntersuchung:

- Erfassung der Ist-Abläufe in strukturierter Form (einschließlich Datenerfassung),
- grafische Darstellung der Abläufe,
- Auswertung von Ist-Prozessen (Zeiten, Kosten; Häufigkeiten, ...),
- Simulation und Analyse von Prozessen,
- Identifikation von Verbesserungspotenzialen,
- Entwurf von Soll-Prozessen (unter Umständen über Simulationsläufe),
- Dokumentation/Datenverarbeitung.

Es sind folgende Anforderungen an die Prozessanalysewerkzeuge zu stellen:

- Offenheit des Systems und Standards für den Informationsaustausch,
- leistungsfähige Grafikdarstellungen,
- einfache Handhabbarkeit,
- redundanzfreie Informationsverwaltung,
- Unterstützung von Analyseteams (Mehrplatzfähigkeit),
- Möglichkeit zu Werkzeugerweiterungen,
- Möglichkeit zu Berechnungen und Auswertungen,
- Simulation der Abläufe bei sehr komplexen Abläufen.

7.5 Moderationstechniken

In der betrieblichen Praxis haben sich als Moderationstechniken Kartenabfragen und insbesondere **Mindmapping** durchgesetzt. Diese beiden Moderationstechniken werden im Folgenden knapp vorgestellt.

7.5.1 Kartenabfragen

Kartenabfragen dienen der Sammlung von Informationen. Sie laufen nach folgendem Schema ab:

[1] Jeder Teilnehmer schreibt jeweils einen Gedanken mit dem Filzstift auf eine Karte, z. B. zur Frage: Wo sehen Sie Schwächen im Prozess?

[2] Alle Karten werden verdeckt eingesammelt.

[3] Der Moderator liest die Karten nacheinander vor und hängt sie nach den Vorschlägen der Teilnehmer zu bestimmten Gruppen (Cluster) an die Pinnwand. Hieraus ergeben sich verschiedene Themenfelder.

[4] Die Zuordnung wird vom Moderator gemeinsam mit den Teilnehmern geprüft.

[5] Karten einer Gruppe werden durch Umrahmung zusammengefasst und mit einer Überschrift versehen.

Anschließend können die einzelnen Themenfelder diskutiert werden. Gegenüber einer geleiteten Diskussion zu einem Thema hat die Kartenabfrage hinsichtlich der Informationsgewinnung folgende Vorteile:

- Die Arbeit mit Karten ist zeitsparend.
- Jeder Beitrag hat formal das gleiche Gewicht.
- Jeder Beitrag wird öffentlich dokumentiert.
- Alle Teilnehmer werden aktiviert.
- Die Karten sind flexibel einsetzbar.

7.5.2 Mindmapping

Mind Maps (Gedankenkarten), die von mehreren Menschen genutzt werden, sollten auch gemeinsam konstruiert werden. Zumindest sollte jedoch eine grundsätzliche Vereinbarung zur Zeichnung von Mind Maps getroffen werden.

Grundregeln für das Mindmapping

- Sie nehmen ein Blatt Papier und legen es im Querformat vor sich. Im Zentrum des Blattes wird ein einprägsames Bild gezeichnet oder das Thema geschrieben, d.h. den Hauptgedanken zum zu behandelnden Hauptthema. Der Hauptgedanke sollte als Schlüsselwort in die Blattmitte gesetzt werden.
- Von dem zentralen Bild oder Schlüsselwort ausgehend entwickeln Sie Ihre wichtigsten Unterpunkte, die wie Zweige von Ihrem Hauptgedanken weg wachsen. Es wird für jeden Unterpunkt eine Linie gezeichnet.
- Auf diese Linien werden keine ausformulierten Gedanken geschrieben, sondern Schlüsselworte, Begriffe oder Bilder.
- Von den eingezeichneten Linien können wiederum Linien abgehen, auf denen die einzelnen Hauptgedanken weiter untergliedert werden. Von diesen weiterführenden Linien können wieder andere ausgehen, usw. Das Thema entwickelt sich so weiter und wächst wie ein Baum.

Einige Tipps zur Mindmapping-Technik

- Notieren Sie zuerst einen Schlüsselbegriff, erst danach verbinden Sie ihn mit den entsprechenden Punkten.
- Äste müssen immer miteinander verbunden sein.
- Verwenden Sie lesbare Blockbuchstaben.
- Benutzen Sie unterschiedliche Farben, um die Übersichtlichkeit zu erhöhen. Zusammengehörende Gedanken und Ideen können durch Verwendung der gleichen Farbe veranschaulicht werden.
- Verwenden Sie – soweit wie möglich – Symbole, wie z.B. Pfeile, geometrische Figuren, kleine Bilder, gemalte Ausruf- oder Fragezeichen und selbst definierte Sinnbilder. Dies kann die Erfassung der Zusammenhänge erleichtern.

Wurde die Mind Map gemeinsam erarbeitet, dann gehen Sie nach der Erstellung des Bildes in die Detailarbeit. Sie besprechen jetzt gemeinsam mit den Teilnehmern die einzelnen Punkte des Prozesses.

Bei dem Vorgehen, dass jeder Teilnehmer eine Mind Map erstellt hat, danken Sie den Workshop-Teilnehmern und sammeln die Mind Maps ein. In einem nächsten Schritt schreiben Sie die Erkenntnisse der Teilnehmer in einer gemeinsamen Mind Map auf. Es wird gemeinsam eine Neuzeichnung vorgenommen. Dieses Vorgehen hat den Vorteil, dass sich die Teilnehmer ein weiteres Mal mit der gemappten Thematik befassen müssen. Es besteht die Chance, die entscheidenden Gedanken gerade bei dieser Neugestaltung zu bekommen.

Verbunden mit der Neuzeichnung der Mind Map ist die Diskussion über die wichtigsten Inhalte, wie beispielsweise:

- Wer sind die Kunden des Prozesses?
- Welche Qualitätsmerkmale sind mit den Kundenerwartungen verbunden?
- Welche Arbeitsschritte sind erforderlich?
- Welche Besonderheiten sind zu beachten?
- Wer ist für welche Arbeitsschritte zuständig?
- Welche Instrumente, welche Medien werden verwendet?
- Gibt es Medienbrüche?
- Gibt es unterschiedliche Positionen der Teilnehmer?
- Wurden Schwachstellen des Prozesses identifiziert?
- Welche Lösungsvorschläge wurden gemacht?

7.6 Wie können Prozessmängel identifiziert und eliminiert werden?

7.6.1 Was könnten Indizien für Prozessmängel sein?

Erste Hinweise auf Prozessmängel geben folgende Situationen:

[1] **Stapel und Warteschlangen**: Ein Indiz für Prozessmängel könnte sein, dass sich Warteschlangen von Kunden, Lieferanten usw. bilden. Des Weiteren ist es ein Hinweis auf Prozessmängel, wenn sich Akten und Papiere bei einem Mitarbeiter stapeln.

[2] **Redundante Informationshaltung**: Werden gleiche oder ähnliche Informationen in unterschiedlichen Listen mehrmals gepflegt und aktualisiert, dann ist dies ein Hinweis für Prozessmängel. Redundante Informationen bedeuten nicht nur Mehrfacharbeit, sondern auch eine Erhöhung der Fehlerquellen.

[3] **Veraltete Informationen**: Werden auf den operativen Speichermedien Daten gelagert, die nicht mehr verwendet werden, dann liegt offen-sichtlich ein Mangel bei der Informationsverarbeitung der Prozesse vor.

[4] **Überflüssige Informationen**: Viele Mitarbeiter produzieren Listen und Auswertungen. Stellen Sie fest, wer die Listen und Auswertungen bekommt und was damit gemacht wird. Sind die Informationen zur Prozesserfüllung nicht erforderlich, ist dies ein Indiz für einen Prozessmangel.

[5] **Offensichtliche Missverhältnisse**: Stellen Sie fest, wie sich die Mitarbeiterzahl und das Arbeitsaufkommen sowie die Kosten und die Durchlaufzeit im Zeitablauf verändern. Erkennen Sie negative Entwicklungen ist dies ein Hinweis auf Prozessmängel.

Kapitel 8

Wie können Prozesse verbessert werden?

8.1 Konzentration auf die Wertschöpfung

Am Anfang jeder Verbesserung eines Prozesses muss die Frage nach der Zielsetzung gestellt werden. Es sollte die maximale Wertschöpfung eines Prozesses angestrebt werden. Prozesse sind daraufhin zu prüfen, ob sie einen Beitrag zur betrieblichen Wertschöpfung leisten. Sie sind nur dann wertschöpfend, wenn sie eine vom Kunden wahrgenommene und honorierte Wertsteigerung bewirken, die das Ausmaß des dafür erforderlichen Werteverzehrs in Form von Faktorverbräuchen übersteigt.

Laut einer Untersuchung von Tomys (Tomys 1995) setzt sich die Gesamtleistung eines Unternehmens wie folgt zusammen:

Nutzleistung ca. 25 %	→	direkter Beitrag zur Wertsteigerung
Stützleistung ca. 45 %	→	indirekter Beitrag zur Wertsteigerung
Blindleistung ca. 20 %	→	kein Beitrag zur Wertsteigerung
Fehlleistung ca. 10 %	→	Beitrag zur Wertminderung

Tab. 19: Zusammensetzung der Leistungen eines Unternehmens

Unter **Nutzleistungen** werden die Tätigkeiten verstanden, die aus Kundensicht zu einer Wertsteigerung führen, d.h. die den Wert eines Ergebnisses für den Kunden während des Prozessablaufes erhöhen. Diese Tätigkeiten sind geplant und somit im Flussdiagramm sichtbar. Ziel ist eine kontinuierliche Verbesserung von Nutzleistungen.

Hingegen tragen **Stützleistungen** nur indirekt zur Wertsteigerung eines Produktes bei und haben eine unterstützende Funktion bei den Nutzleistungen. Stützleistungen werden vom Kunden nicht wahrgenommen, verursachen aber Ressourcenverbrauch. Daher ist es sinnvoll, diese möglichst wirtschaftlich zu gestalten und auf ein Minimum zu reduzieren.

Als **Blindleistungen** werden Tätigkeiten bezeichnet, die ungeplant auftreten und keinen Beitrag zur Wertschöpfung leisten. Diese Leistungen werden vom Kunden ebenfalls nicht wahrgenommen und erhöhen den Ressourcenverbrauch, so dass Blindleistungen zu eliminieren sind.

Fehlleistungen sind Leistungen, die ursprünglich als Nutz- oder Stützleistungen geplant wurden, aber nicht verwertet werden können, weil bei der Erstellung ein Fehler aufgetreten ist. Ziel ist es, Fehlleistungen durch verbesserte Planung, Steuerung, Schulung oder Prozessstrukturierung zu vermeiden.

Die einzelnen Leistungsarten können wie folgt eingeteilt werden:

- **Nutzleistungen**
  - Konstruktion
  - Montage
  - Marketingmaßnahmen
  - Konzepterstellung
  - Antwortschreiben konzipieren
- **Stützleistungen**
  - Rüsten von Werkzeugmaschinen
  - Gütertransport
  - Produktionsplanung
  - Genehmigung durch Unterschrift
  - Statistikerstellung
  - Softwarewartung
- **Blindleistungen**
  - Zwischenlagerung
  - fehlender Nachschub
  - Mehrfacharbeit
  - Nachlieferungen aufgrund von Fehlinformationen
- **Fehlleistungen**
  - fehlerhaftes Produkt
  - falsche Buchung
  - fehlerhafte Statistik

8.2 Ablaufgestaltung

Prozesse müssen logisch und zeitlich so modelliert und miteinander verknüpft werden, dass Prozesszeiten und Ressourcenverbrauch möglichst gering sind. Folgende Gestaltungsmaßnahmen sind unter anderem möglich:

- **Weglassen**: Eliminierung von nicht wertschöpfenden Prozessen, z.B. Doppelarbeiten.
- **Zusammenlegen**: Bündelung von Prozessen.
- **Aufteilen**: Trennung von Prozessen.
- **Ergänzen**: Einfügen von Teilprozessen, Aktivitäten und Tätigkeiten.
- **Parallelisierung**: Simultane Durchführung verschiedener Teilprozesse, Aktivitäten und Tätigkeiten, z.B. Simultaneous Engineering.
- **Auslagern**: Ausgliederung von Prozessen auf andere Prozesse, Lieferanten, Kunden und Dienstleister.

Abbildung 59 zeigt wichtige Gestaltungsmaßnahmen der → **Prozessablaufgestaltung** zur Erhöhung der Prozesseffizienz:

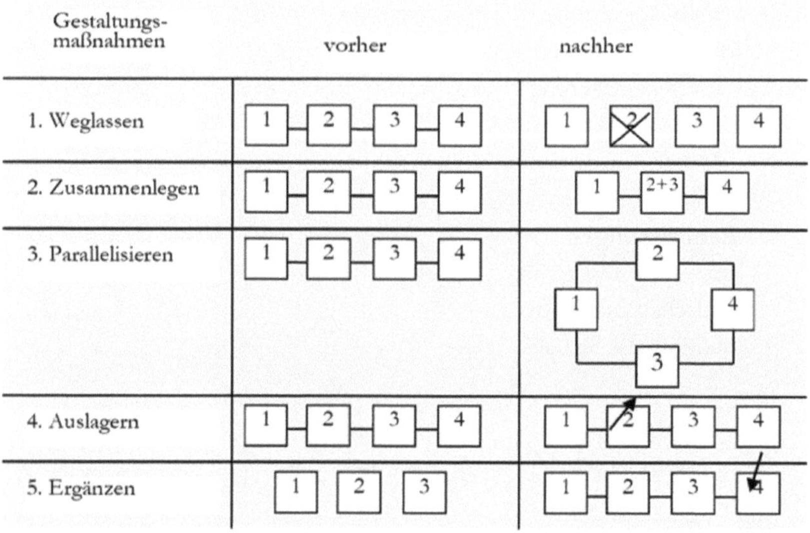

Abb. 59: Ablauforganisatorische Maßnahmen zur Steigerung der Prozesseffizienz

8.3 Optimierung der Geschäftsprozesse

Im Zusammenhang mit der Verbesserung von Prozessen stellen sich unter anderem folgende erste Fragen:

- Sind alle notwendigen Aufgaben berücksichtigt, um das Ziel des Prozesses zu erreichen?
- Werden die Aufgaben in der richtigen Reihenfolge erledigt?
- Sind die verschiedenen Aufgaben optimal auf Personen und Abteilungen verteilt?
- Ist der Informationsfluss von einem Bearbeiter zum anderen in Ordnung?

Um die Prozesse verbessern zu können, müssen die Ist-Leistungsdaten der Prozesse ermittelt werden (Bearbeitungszeiten, Wartezeiten, Transportzeiten usw.). In Übereinstimmung mit den zu definierenden Kennzahlen sind Optimierungsziele für Prozesse zu erarbeiten. Solche Ziele werden beispielsweise beeinflusst durch Erfolgsfaktoren, wie optimale Prozess- und Produktqualität oder hohe Kundenzufriedenheit. Ziele können zum Beispiel sein:

- Lösen von strategischen Problemen.
- Reduzierung der Durchlaufzeiten.
- Senkung der Prozesskosten.
- Verbesserung der formalen Prozessstruktur.

In Abbildung 60 wird die Verbesserung der Prozessleistung dargestellt.

Die Anwendung beispielsweise folgender Methoden und Techniken kann einen Beitrag zur Prozessverbesserung leisten:

- Fehlermöglichkeiten- und Fehlereinflussanalyse,
- Statistische Prozessregelung,
- Fehlermanagement,
- Ursache-Wirkungs-Analysen,
- Qualitätszirkel,

- Qualitätsregelkreise,
- Ordnung und Sauberkeit,
- Vermeidung von Verschwendung,
- Mitarbeiterbefragung,
- Kundenbefragung.

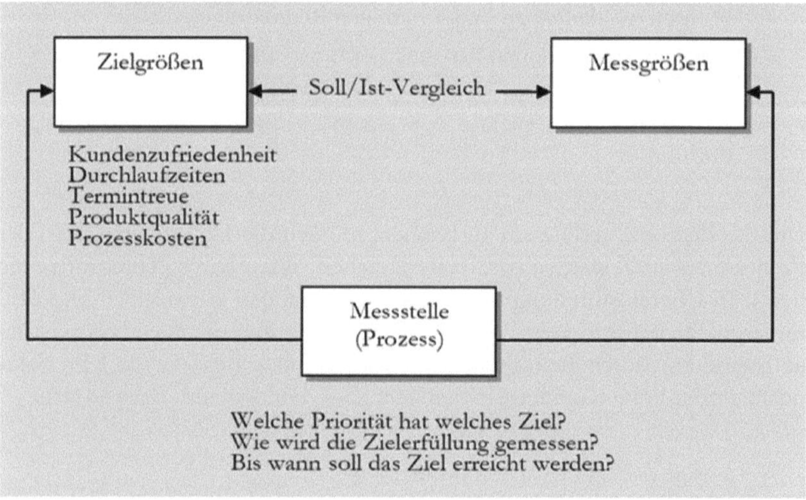

Abb. 60: Verbesserung der Prozessleistung

Kunden- und Mitarbeiterbefragungen geben Hinweise auf bestehende Mängel, wie beispielsweise:

- unklare Ziele und Aufgaben,
- schlechter Führungsstil,
- mangelhafte Ordnung und Sauberkeit,
- unnötige Kontrollen,
- kein Fehlermanagement,
- Verschwendung von Rohstoffen,
- zu viele oder fehlende Informationen,
- zu viele Berichte,

- zeitraubende Abstimmungsprozesse,
- Besprechungen ohne Vorbereitung und Protokolle,
- lange Wege.
- lange Transport- und Wartezeiten.

8.4 Welche Hilfen gibt es beim Prozessdesign?

Das Prozessdesign hat die Aufgabe, Arbeitsschritte so zu modellieren und in IT abzubilden, dass eine möglichst hohe Effizienz entsteht, wenig Reibungsverluste auftreten und immer klar ist, welcher Schritt als nächstes kommen wird. In der betrieblichen Praxis haben sich die Methoden des Rückwärtsdesign sowie der von idealen Abläufen als Erfolg versprechende Methoden durchgesetzt.

8.4.1 Rückwärtsdesign

Beim Rückwärtsdesign ist die Herangehensweise retrograd; Ausgangspunkt ist der Output. Von hier ausgehend sind folgende Sachverhalte und Fragen zu prüfen und zu beantworten:

- Welcher Output des Prozesses wird erwartetet?
- Welche Voraussetzungen müssen gegeben sein zur Realisierung des erwarteten Outputs?
- Welche Qualitätskriterien müssen der Output und dessen Voraussetzungen erfüllen?
- Welche Voraussetzungen sind kritisch?
- Qualitätsengpässe?
- knappe Ressourcen?
- Welche Voraussetzungen sind nicht kritisch?
- rein administrative Voraussetzungen?

8.4.2 Idealer Ablauf: Wertschöpfung

Die Erarbeitung und Darstellung des idealen Ablaufs eines Prozesses hinsichtlich der Wertschöpfung eröffnet die Möglichkeit, in einem Soll-Ist-

Vergleich Ineffizienzen aufzudecken und zu eliminieren. Es sind dabei folgende Arbeiten durchzuführen und Fragen zu klären:

- Stellen Sie die reinen Wertschöpfungsschritte dar.
- Welche Erfolgsfaktoren müssen in jedem Schritt gegeben sein?
- Wie können diese Erfolgsfaktoren sichergestellt werden?
- Welche zusätzlichen Arbeiten ergeben sich aus der Sicherstellung der Erfolgsfaktoren?
- Wie können die Erfolgsfaktoren gemessen, beobachtet und bewertet werden?
- Erstellen Sie ein Cockpit aus den wichtigsten Erfolgsfaktoren und ihren Kontrollvariablen.

8.4.3 Idealer Ablauf: Übergaben

Beim idealen Ablauf der Übergaben geht es darum, die Schnittstellenproblematik effizient zu lösen. Es sind bei Verbesserungen der Übergaben folgende Fragestellungen zu klären:

- Welche Materialien, Geräte, Orte und Personen müssen im Prozess eingebunden werden?
- Welche Übergaben sind unbedingt notwendig?
- Wie kann der Ablauf des Prozesses mit Übergaben ohne Unterbrechung organisiert werden?

8.4.4 Idealer Ablauf: Informationen

Jeder Prozess generiert Daten, die als Informationen zur Planung, Steuerung, Durchführung und Kontrolle der Prozesse erforderlich sind. Beim idealen Ablauf der Informationen geht es darum, den Informationsfluss zur Durchführung von Prozessen so effizient wie möglich zu gestalten. Zur Optimierung der Informationsflüsse sind die folgenden Fragen zu lösen:

- Welche Informationsträger sind im Prozess beteiligt?
- Wie können alle Informationsträger in einem Medium zusammengeführt werden?

- Wie kann dieses Medium allen Prozessbeteiligten zugänglich gemacht werden?
- Wie kann ich die Daten vor unberechtigten Zugriff und Veränderungen sichern?

8.5 Dokumentation: Papier oder elektronische Daten?

Häufig ist in der betrieblichen Praxis zu beobachten, dass Daten sowohl in Papierform als auch elektronisch erstellt, gespeichert und transportiert werden. Es ist zu vermuten, dass bei der Dokumentation von Daten in vielen Fällen Effizienzverbesserungen möglich sind. Zur Realisierung von Effizienzverbesserungen könnten folgende Hinweise und Fragen hilfreich sein:

- Wie können Transportwege von Papier vermieden werden?
- Umlaufakten sollte immer elektronisch geführt werden.
- Belege sollten optisch gespeichert und dezentral archiviert werden.
- Alle Informationen eines Vorganges sollten in einer Mappe (Ordner) gespeichert werden.
- Klarer Ablauf der Tätigkeiten und Informationen.
- Alle abgeschlossenen Vorgänge sollten archiviert werden.
- Referenzierung in der elektronischen Akte bei Archivierung von Papierbelegen.

8.6 Weitere Methoden der Prozessverbesserung

8.6.1 Kanban

→ **Kanban** wurde in den 1980er Jahren des vorigen Jahrhunderts von Toyota Motor entwickelt, nachdem der Vizepräsident provokativ nachfragte, ob die Fertigungssteuerung so kompliziert sein müsse. Er hatte die Idee, das Auffüllprinzip der Supermärkte zu übernehmen. Ziel war, Leerlauf und Wartezeiten zu vermeiden und eine angemessene Menge an Produktionsmitteln stets unmittelbar am Arbeitsplatz bereitzustellen. Der Vorrat wird so oft wie nötig um die Mengen ergänzt, die gerade verbraucht wurden.

Im wörtlichen Sinne bedeutet Kanban Karte. Kanban ist ein System der dezentralen und flexiblen Produktionsprozesssteuerung. Über alle Fertigungsstufen wird auf Abruf versorgt und produziert.

Ziel ist es unter anderem, Materialvorräte zu minimieren, die Umschlagshäufigkeit zu erhöhen und eine maximale Lieferbereitschaft bei gleichzeitiger Anpassungsflexibilität zu erreichen.

Wesentliche Elemente des Systems sind:

- Vernetzte, selbststeuernde Regelkreise zwischen produzierenden und verbrauchenden Fertigungseinheiten,
- Holpflicht für die jeweils nachfolgende Fertigungsstufe,
- Kanban-Karte dient als Informationsträger.

Bei einer Kanban-Steuerung im ursprünglichen Sinne wird nur dann gefertigt, wenn ein tatsächlicher Kundenbedarf vorliegt, d.h. dass die Losgrößen auf Tageslose heruntergebrochen werden und somit nach dem One-piece Flow gearbeitet wird.

Die Vorgehensweise des Kanbans kann wie folgt zusammengefasst werden:

[1] Gesamtprozess analysieren

Als Voraussetzung für Kanban ist eine Analyse des Gesamtprozesses erforderlich. In der Analyse sind konsequent Wertschöpfungs- und Verschwendungsprozesse offen zu legen.

[2] Prozesse synchronisieren

Die Steuerungsfunktion übernehmen Kanbankarten, die Steuerungsdaten dezentral transportieren.

[3] Prozesse standardisieren

- ohne Standards kein KVP
- Standards visualisieren
- Standards auditieren

8.6.2 Six Sigma

→ **Six Sigma** realisiert ein Verbesserungspotenzial in einer Reihe von Bereichen mit verschiedenen Komplexitätsgraden. Es beinhaltet ständige Verbesserungen sowie Breakthrough-Verbesserungen. Bestehende Variationen werden reduziert, wodurch die Durchschnittswerte verbessert werden. Mikel J. Harry (Kroslid, et al, 2003, S. 19) definiert Six Sigma als „einen Geschäftsprozess, der es allen Unternehmen ermöglicht, ihre Geschäftsergebnisse drastisch zu verbessern, indem alle alltäglichen Aktivitäten auf eine Art und Weise entwickelt und überwacht werden, die Verschwendung und Ressourcen minimieren, während gleichzeitig die Kundenzufriedenheit gesteigert wird.“

In Abbildung 61 wird der Ablauf eines typischen Six Sigma-Projektes dargestellt:

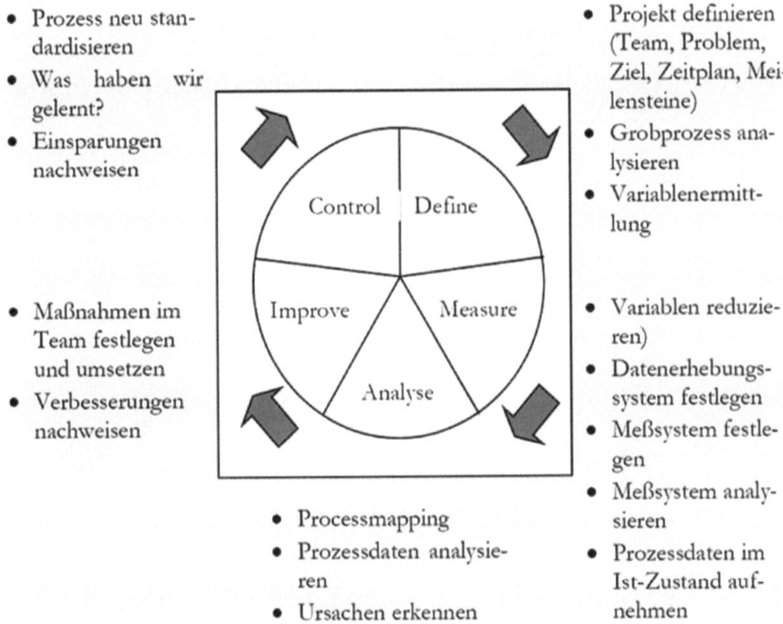

Abb. 61: Ablauf eines typischen Six Sigma-Projektes

Six Sigma führt zu deutlichen Verbesserungen bei:

- der Kundenzufriedenheit, da die Wünsche der Kunden das dafür erforderliche Messsystem bestimmen.
- der Senkung der Fehlerkosten, denn die Fehlerursachen werden gründlich analysiert und behoben.
- der Reduktion der Durchlaufzeiten, da die „Zeitfresser“ erkannt und eliminiert werden.

8.6.3 Auditierung von Geschäftsprozessen

Zielsetzung der Audits ist es nicht, die Erfüllung von Normen wie ISO 9001 oder ISO 14001 zu prüfen, sondern die Leistungsfähigkeit der Geschäftsprozesse durch Aufdecken von Schwächen und durch Maßnahmenvorschläge zu verbessern. Die Erfüllung der definierten Leistungsziele wird in regelmäßig stattfindenden Prozessaudits überwacht und gemessen. Mit Hilfe von Audits werden unter anderem folgende Leistungsziele überwacht:

- Reifegrad der Prozesse,
- Erreichung der Leistungsparameter,
- Qualifikation und Leistungsbereitschaft der Mitarbeiter,
- Status von Vorbeugungs- und Korrekturmaßnahmen.

Die Ergebnisse der im Prozessaudit gewonnenen Erkenntnisse werden dokumentiert und der Unternehmensleitung präsentiert. Auf diese Weise wird der Verbesserungsprozess überwacht und gesteuert.

8.7 Wie können Verbesserungsmöglichkeiten umgesetzt werden?

Bevor Sie den Geschäftsprozess verbessern/verändern, fassen Sie Ihre Diagnoseergebnisse noch einmal zusammen. Denn die Diagnose ist der Ausgangspunkt für die Optimierungsziele und die daraus abgeleiteten Maßnahmen.

Ihre Diagnoseergebnisse sollten Sie nach folgenden Gesichtspunkten zusammenfassen:

- Kundenerwartung,
- Output,
- Input,
- Abgrenzung,
- wertschöpfende Tätigkeiten,
- nicht wertschöpfende Tätigkeiten,
- wer, was, wann, wie viel, wie gut?,
- Probleme.

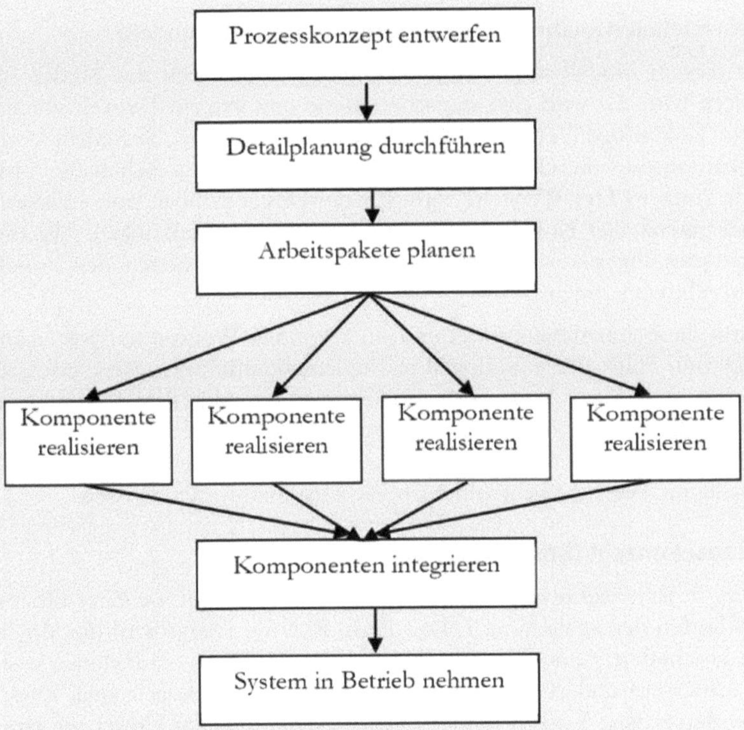

Abb. 62: Traditioneller Implementierungsprozess

8.7.1 In welchen Schritten könnten Prozessänderungen erfolgreich umgesetzt werden?

Traditioneller Implementierungsprozess: Vom Konzept zum Nutzen

Bei der traditionellen Vorgehensweise zur Umsetzung von Systemveränderungen wird nach der Analyse und dem Design ein Projekt in seine Komponenten zerlegt. Die einzelnen Komponenten werden unabhängig voneinander realisiert und anschließend integriert. Nach erfolgter Integration der Komponenten wird das System in Betrieb genommen. Der Nutzen der Systemänderung kann jetzt wirksam werden.

Der traditionelle Implementierungsprozess läuft in den in Abbildung 62 gezeigten Stufen ab.

Auf welchen Annahmen beruht dieses Vorgehensmodell?

Bei diesem Modell wird davon ausgegangen, dass sich das Modell nicht ändern wird. Es wird eine statische interne und externe Umwelt vorausgesetzt. Zukünftige Veränderungen der Umwelt sind mit Sicherheit vorhersehbar, so dass die Designer Anpassungen des Modells rechtzeitig vornehmen können. Des Weiteren verfügen die Designer über eine vollständige Transparenz aller Komponenten und deren Wechselwirkungen. Alle Beteiligten des Prozesses warten geduldig, bis sie den Nutzen des Projektes wahrnehmen können.

Wenn diese Annahmen zutreffend sind, können Projekte zur Systemänderung mit Hilfe des traditionellen Implementierungsprozesses erfolgreich umgesetzt werden. Aber die Realität ist anders: zukünftige Entwicklungen sind nicht vorhersehbar, Designer haben keinen vollständigen Überblick über die einzelnen Komponenten und deren Wechselwirkungen und die Beteiligten haben Abwehrhaltungen, die aufgelöst werden müssen.

Releasekonzept (Stufenkonzept)

Beim → **Releasekonzept** durchläuft jedes einzelne Release eines Prozesses drei Stufen der Realisation: Labor, Pilot, Rollout. Damit wird die Möglichkeit geschaffen, Änderungen in den einzelnen Stufen vorzunehmen und so zu verbessern und zu innovativen Prozessentwürfen zu gelangen. Zugleich wird durch diese Vorgehensweise sichergestellt, dass das Umsetzungsszenario realistisch ist.

Wichtig ist: Der Weg zur Ideallösung führt über Zwischenstufen.

- Die Richtung ist vor der Implementierung klar.
- Jede neue Stufe ist besser als die vorherige Stufe.
- Die einfachsten Veränderungen werden zuerst umgesetzt („Quick Wins").
- Technische Veränderungen werden erst nach organisatorischen Veränderungen umgesetzt.

8.7.2 Kritische Erfolgsfaktoren zur Veränderung von Prozessen

Trotz sorgfältiger Planung und Durchführung von Projekten zur Prozessmodellierung gibt es immer wieder Hinweise, dass diese Projekte nicht zum gewünschten Erfolg führen. Hemmnisse, die den Erfolg gefährden, sind die Verhaltensweisen der Mitarbeiter. Dabei handelt es sich um so genannte Mitarbeitersyndrome, die den Erfolg von Prozessmodellierungsprojekten gefährden können:

„Keine Zeit"-Syndrom

Häufig tritt das Problem auf, dass sich Mitarbeiter durch das Projekt von ihren eigentlichen Aufgaben und Tätigkeiten abgehalten fühlen. Wenn Mitarbeiter für das Projekt nicht angemessen von anderen Aufgaben freigestellt werden, ist das Zeitbudget für das Projekt zu beschränkt. Ob ein Prozessmanagementprojekt erfolgreich durchgeführt und umgesetzt wird, hängt unter anderem davon ab, dass alle Beteiligten ihre Kenntnisse und Ideen in das Projekt einbringen. Dies ist oftmals aufgrund des begrenzten Zeitbudgets der Mitarbeiter nicht möglich.

Praxishinweis

Schaffen Sie Anreize für alle Projektbeteiligten für die zusätzliche Belastung und sorgen Sie für eine zumindest teilweise Entlastung vom Tagesgeschäft. Denn das Know-how, die Ideen sowie die Verbesserungsvorschläge der Leistungsträger des Unternehmens sind zur erfolgreichen Realisierung von Prozessmanagementprojekten unabdingbar. Des Weiteren ist der Einfluss der Leistungsträger erforderlich, Veränderungsprozesse auch umzusetzen.

„Wir fangen schon mal an"-Syndrom

Negativ auf den Verlauf eines Projektes wirkt sich aus, wenn wesentliche Weichenstellungen zu Beginn des Projektes ohne die notwendigen Reflexionen und Vorarbeiten vorgenommen werden. Unnötige Nacharbeiten können durch eine Strukturierung des Projektes und eine zielorientierte methodische Durchführung des Projektes vermieden werden.

> **Praxishinweis**
>
> In der Projektvorbereitungsphase sollte eine genaue Prozessabgrenzung sowie die Ziele definiert werden. Des Weiteren sollten die Methoden der Prozessanalyse sowie der Modellierung festgelegt werden und mit Hilfe von Schulungen sichergestellt werden, dass all Projektmitarbeiter diese Methoden beherrschen.

„Mit mir nicht"-Syndrom

In der Regel sind Mitarbeiter gegenüber Veränderungen skeptisch. Da Prozessmanagementprojekte mit Veränderungen am Arbeitsplatz verbunden sind, sind viele Mitarbeiter gegenüber derartigen Projekten misstrauisch. Misstrauische Mitarbeiter bauen eine innere Blockade auf, verweigern wahrheitsgemäße Auskünfte, halten Informationen zurück und boykottieren damit die erfolgreiche Durchführung von Prozessmanagementprojekten.

> **Praxishinweis**
>
> Die Auflösung dieses Syndroms erfordert von der Projektleitung viel Einfühlungsvermögen und Überzeugungskraft, da es sich hier um ein psychologisches Phänomen handelt. Es sind in diesen Fällen die positiven Aspekte der geplanten Veränderungen speziell hinsichtlich der betroffenen und ablehnenden Mitarbeiter, anknüpfend an die Interessen der betroffenen Mitarbeiter, in vertrauensvollen Einzelgesprächen glaubhaft darzustellen.

„Not invented here"-Syndrom

Das „Not invented here"-Syndrom tritt oft gemeinsam mit dem „Mit mir nicht"-Syndrom auf. Werden Veränderungen von außen an Mitarbeiter herangetragen, werden diese selten akzeptiert und umgesetzt. Mitarbeiter boykottieren häufig Veränderungsprozesse, wenn diese als Oktroi empfunden werden.

Praxishinweis
Alle betroffenen Mitarbeiter und Abteilungen sollten in den Ideenfindungsprozess sowie in die Erarbeitung des Veränderungsprozesses einbezogen werden. Ein Überstülpen und Vorsetzen von Veränderungen wirkt sich kontraproduktiv aus.

„Macht ihr mal"-Syndrom

Üblicherweise delegiert die Geschäftsleitung eines Unternehmens nach der Initiierung eines Prozessmanagementprojektes die Verantwortung für die zu treffenden Entscheidungen und für die Umsetzung an ein Projektteam. Wenn die Geschäftsleitung im Laufe des Projektes sich nicht mehr ausreichend dem Projekt widmet, sinkt die Erfolgswahrscheinlichkeit des Projektes deutlich. Eine für die Mitarbeiter sichtbare Identifizierung der Geschäftsleitung mit dem Projekt erhöht hingegen die Erfolgswahrscheinlichkeit. Sollte die Geschäftsleitung auf eine für die Mitarbeiter sichtbare Unterstützung des Projektes verzichten, wird dies die „Bewahrer", „Bedenkenträger" und „U-Boot-Fahrer" unterstützen.

Praxishinweis
Die Geschäftsleitung sollte das Projekt sichtbar unterstützen, bei kritischen Sachverhalten und kontroversen Meinungen die wesentlichen Entscheidungen treffen und die getroffenen Regelungen durchsetzen.

„Mal schauen, wie weit wir kommen"-Syndrom

Zeit und benötigte Kapazitäten sind mit Beginn eines Prozessmanagementprojektes nicht genau abschätzbar. Jedoch sind ein definierter Zeitrahmen und Vorgaben erforderlich, damit das Projekt die notwendige Intensität zur Zielerreichung erhält. Sicherlich ist es nicht möglich, Zeiten treffsicher abzuschätzen, wenn der Umfang der Arbeiten noch nicht feststeht. Durch zeitliche Anpassung der gesetzten Termine an die sich im Laufe des Projektes konkretisierenden Aufgaben kann es gelingen, die notwendige Intensität des Projektes herzustellen.

Praxishinweis
Entwickeln Sie einen realistischen und herausfordernden Projektplan, in dem klare Terminvorgaben und inhaltlich fixierte Meilensteine gesetzt werden, die mit Hilfe eines Projektcontrolling gesteuert und überwacht werden.

„Ist mir doch egal"-Syndrom

Aufgrund von Furcht vor Verlust des Arbeitsplatzes, Desinteresse, Lust an Opposition oder mangelndem Engagement kommt es bei Mitarbeitern zu Widerständen gegen Prozessmanagementprojekte. Wird diesem Druck seitens der Projektmitglieder nachgegeben, führt dies zu einer sinkenden Motivation und nachlassender Überzeugungskraft der Projektmitglieder.

> **Praxishinweis**
> Die Projektgruppe ist mit Personen mit starker Eigenmotivation und hoher Überzeugungskraft zu besetzen. Des Weiteren muss die Geschäftsleitung die Projektmitglieder sichtbar unterstützen.

„Analyse/Paralyse"-Syndrom

Das Problem vieler Unternehmen besteht nicht darin, dass keine hervorragenden Ideen, gute Analysen oder exzellente Verbesserungsvorschläge von den Mitarbeitern erarbeitet werden, sondern dass die Umsetzung nicht konsequent vorangetrieben wird.

> **Praxishinweis**
> Es muss ein von der Geschäftsleitung sichtbar unterstützter konsequenter Umsetzungsplan erarbeitet und durch ein Projektcontrolling gesteuert und kontrolliert werden.

Kapitel 9

Herausforderungen bei der Modellierung von Prozessen

Die Stolpersteine zur erfolgreichen Realisierung von Projekten des Prozessmanagements sind in verschiedenen Facetten aufgezeigt worden. Stolpersteine sind Herausforderungen, denen sich zu stellen lohnt. Zusammenfassend sind die wichtigsten Herausforderungen zur Realisierung von Projekten des Prozessmanagements:

- Die Beteiligten müssen motiviert sein.
- Detaillierungsgrad muss richtig gewählt werden.
- Ziel und Perspektive dürfen nicht aus den Augen verloren werden.
- Machtspiele der Abteilungen dürfen nicht existieren.
- Problematik des Kompetenzschutzes muss gelöst werden.
- Transparenz muss gewährleistet werden (Transparenz ja, aber nur bei anderen).
- Ängste und Abwehrhaltungen müssen aufgelöst werden („Ich hab zu tun." „Mir bringt das Ganze sowieso nichts." „Mal sehen, wer gewinnt." „Wozu das, bei mir läuft doch alles gut." „Hilfe, mir wird auf die Finger geschaut." „Man nimmt immer nur Modelle auf." Ängste wie Macht-/Arbeitsplatzverlust.).

Literaturtipps

Becker, J./Kugeler, M./Rosemann, M. (2003): Prozessmanagement. Ein Leitfaden zur prozessorientierten Organisationsgestaltung, Berlin, Heidelberg.

Graßhoff, Jürgen (2001): Betriebliches Rechnungswesen und Controlling, Band II: Rechnungswesen und Controlling, 3. erw. Aufl., Hamburg.

Posluschny, Peter (2007): Die wichtigsten Kennzahlen, Heidelberg/Mannheim.

Schmelzer, H.J./Sesselmann, W. (2003): Geschäftsprozessmanagement in der Praxis, München, Wien.

Anhang

Glossar

Balanced Scorecard

BSC bedeutet „ausgewogener Berichtsbogen". Ziel der BSC ist, die strategischen Zielsetzungen in konkrete Maßnahmen mit geeigneten Ergebniskennzahlen umzusetzen. Dies geschieht aus vier Perspektiven, die durch ein Ursache-Wirkungs-Verhältnis miteinander verbunden sind.

Benchmarking

B. kann als strukturierter Prozess des Lernens aus der Praxis derjenigen (Interner und Externer) verstanden werden, die als Führer (Beste) anerkannt sind. Anders als beim Betriebsvergleich können im Rahmen von B. auch Prozesse verglichen werden.

Bottom-up-Ansatz

Beim Bottom-up-Ansatz sind im Prozessmanagement die Aktivitäten auf unterster Ebene Ausgangsbasis. Nach ablauf- und informationstechnischen Gesichtspunkten werden die Aktivitäten analysiert und zu Teilprozessen und Hauptprozessen bzw. Geschäftsprozessen gebündelt und verdichtet.

Cost Driver

Cost Driver (Kosteneinflussgrößen) sind sowohl Messgrößen für die Inanspruchnahme von Ressourcen als auch für den Output. Der auch verwendete Begriff „Kostenantriebskraft" soll betonen, dass die Anzahl der zur Leistungserstellung notwendigen Prozesse das Volumen der Kosten antreibt.

Effektivität

E. soll ausdrücken, dass ein Prozess den richtigen Output zur richtigen Zeit am richtigen Ort zum richtigen Preis liefert. Maßstab für die Effektivität eines Prozesses sind die Erwartungen der Kunden.

Effizienz

E. soll das ökonomische Prinzip in den Ausprägungen des Maximal- und Minimalprinzips zum Ausdruck bringen: maximales Leistungsniveau bei konstantem Verbrauch von Ressourcen wie Material, Raum, Arbeitszeit und Maschinen oder Minimierung des Ressourcenverbrauchs.

Einzelkosten

E. sind bewertete Güterverbrauchsmengen, die einem Bezugsobjekt (Produkt, Produktgruppe, Stelle, Abteilung, Werk, Unternehmen) ohne Schlüsselung direkt zugerechnet werden können. Das Gegenstück sind Gemeinkosten, die einem Bezugsobjekt nur indirekt mittels Schlüsselung zugerechnet werden können.

Ereignisgesteuerte Prozessketten

EPK ist eine Technik zur grafischen Darstellung von Prozessen. Ein Ereignis ist der Auslöser von Aktivitäten (Funktionen), welche von einer Organisationseinheit ausgeführt werden. Diese benötigt und erstellt Informationsobjekte.

Erfolgsfaktor

Ein positiver E. ist ein Merkmal, eine Bedingung oder eine Variable, die einem Unternehmen einen Wettbewerbsvorteil gegenüber anderen Unternehmen verschafft. So eröffnet ein wettbewerbsdifferenzierendes Merkmal die Möglichkeit, einen höheren Absatzpreis zu fordern, die Absatzmenge zu erhöhen oder beides durchzusetzen. Negative E. führen hingegen zu einer Verminderung der Absatzmenge.

Faktoraustausch

Beim F. besteht die Prozessverbindung der Unternehmen lediglich über „Kanäle"; die Selbständigkeit der Integrationsobjekte bleibt vollständig erhalten. Innerhalb der Kanäle führen ein- oder zweiseitige Austauschprozesse zu Transfersynergien.

Faktorfusion

Die F. stellt die stärkste Form der Verbindung zwischen Wettbewerbern dar. Es werden gemeinschaftlich Kapazitäten aufgebaut und genutzt. Die daraus resultierenden Zusammenführungssynergien vermeiden Doppelarbeiten bzw. ermöglichen eine bessere Auslastung.

Faktorkoordination

Eine F. und damit erzielbare Koordinationssynergien sind die schwächste Form der Integration externer Prozesse. Hierbei versuchen die Unternehmen, die Integrationsobjekte auf eine gemeinsame Größe auszurichten.

Gemeinkosten

Gemeinkosten können einem Bezugsobjekt nur indirekt mittels eines Verrechnungsschlüssels zugerechnet werden.

Gemeinkosten-Wertanalyse

Die G. basiert auf dem heuristischen Prinzip der Funktions- bzw. Prozessanalyse. Dabei steht die Suche nach unnötigen Funktionen und deren

Eliminierung sowie das Aufspüren neuer Ideen zur Rationalisierung im Mittelpunkt.

Geschäftsprozesse

Prozesse werden dann als G. bezeichnet, wenn diese aus einer funktionsüberschreitenden Verkettung von wertschöpfenden Aktivitäten bestehen. G. sollen die von Kunden erwarteten Leistungen erbringen und deren Ergebnisse strategische Bedeutung für das Unternnehmen haben.

Goal-Fitting-Check

Der Goal-Fitting-Check dient der Koppelung der Prozesse an Vision und Ziele des Unternehmens. Folgende Fragen sollten gestellt und beantwortet werden: Was trägt der einzelne Prozess zur Erreichung von Vision und Ziele der Unternehmung bei? Welche Prozesse unterstützen welche Ziele der Unternehmung oder andere Prozesse? Inwieweit trägt der Prozess wirklich zur Erreichung des eigenen Prozessziels bei?

Hauptprozesse

H. sind die wesentlichen Arbeitsvorgänge der unternehmerischen Leistungserbringung, die meist kostenstellenübergreifend anfallen, und deshalb in den Hauptprozessen kostenstellenübergreifend erfasst werden.

Identitätsprinzip

Das Identitätsprinzip besagt, dass der Güterverbrauch auf dieselbe Disposition zurückgeführt werden kann wie die Existenz des jeweiligen Kalkulationsobjektes.

Kanban

K. (jap.: Karte, Schild) ist ein dezentrales Steuerungssystem der Fertigung nach dem Hol-Prinzip (Pull-Prinzip) unter Verwendung von Steuerungskarten. Es ist in Japan für die Programmtypen der Serien- und Massenfertigung sowie für die Organisationstypen der Fließfertigung entwickelt worden.

Kostentreiber

K. (Kosteneinflussgrößen) sind sowohl Messgrößen für die Inanspruchnahme von Ressourcen als auch für den Output. Der auch verwendete Begriff „Kostenantriebskraft“ soll betonen, dass die Anzahl der zur Leistungserstellung notwendigen Prozesse das Volumen der Kosten antreibt.

Mindmapping

M. ist eine Moderationstechnik, die mit Mind Maps (Gedankenkarten) arbeitet. Ausgehend von der Mitte eines Blattes werden Schlüsselwörter, Begriffe oder Bilder geschrieben und mit Linien verbunden. Das Thema entwickelt sich und wächst wie ein Baum.

Primärprozesse

P. erzeugen direkt Leistungen für den externen Kunden.

Prozesse

P. sind die Zusammenfassung logisch zusammenhängender Arbeitsschritte, die einen bestimmten Input in einen bestimmten Output transferieren.

Prozessablaufgestaltung

P. hat zum Ziel, Prozesse logisch und zeitlich so zu modellieren und miteinander zu verknüpfen, dass Prozesszeiten und Ressourcenverbrauch möglichst gering sind. Folgende Gestaltungsmaßnahmen sind möglich: weglassen, zusammenlegen, aufteilen, ergänzen, parallelisieren und auslagern.

Prozessanalyse

Als P. wird die vertikale Auflösung der horizontalen Prozesse in Teilprozesse bis hin zu Arbeitsschritten bezeichnet.

Prozesscontrolling

P. ist ein System, dass die Prozessverantwortlichen und Prozessmitarbeiter bei Planung und Kontrolle von Geschäftsprozessen unterstützt und die dafür erforderliche Informationsversorgung und Koordination durchführt.

Prozessdiagnose

P. erhebt entscheidungsrelevante Daten zur Verbesserung eines Prozesses. Kategorien der P. sind: Ziele, Ablauf, Menge, Organisation, Zeit, Fehler, Kosten und Medien.

Prozesskostenrechnung

Die P. ist ein Vollkostenrechnungssystem, das Gemeinkosten über Prozesse und quantitative Prozessbezugsgrößen (Cost Driver) auf Produkte verrechnet.

Prozessorganisation

Die Grundidee der P. besteht darin, kundenorientierte Prozesse als Gegenstand der Strukturierung von Unternehmen zu betrachten. Deshalb werden organisatorische Einheiten mit Prozessverantwortung geschaffen.

Prozess-Portfolio

P. ist eine Methode zur Gewichtung von Geschäftsprozessen. Geschäftsprozesse werden im P. nach ihrer Wirkung auf Kundennutzen und Beitrag zum Unternehmenserfolg platziert.

Reengineering

Ausgangspunkt des R. sind Kundenbedürfnisse; darauf aufbauend beginnt die Suche nach effizienten Lösungen zur Abwicklung der notwendigen Aufgaben, d.h. aus den Kundenwünschen sollen Aufgabenziele sowie -inhalte und daraus entsprechend Vorgänge bzw. Prozesse abgeleitet werden.

Regel-Check

Der R. hat sicherzustellen, dass die Abbildungsregeln bei der Darstellung eines Prozesses korrekt angewendet wurden.

Releasekonzept

Beim R. durchläuft jedes einzelne Release eines Prozesses drei Stufen der Realisation: Labor, Pilot, Rollout. Damit wird die Möglichkeit geschaffen, Änderungen in den einzelnen Stufen vorzunehmen und so zu verbessern und zu innovativen Prozessentwürfen zu gelangen.

Sekundärprozesse

S. unterstützen die primären Prozesse, d.h. sie sind Dienstleister für die Primärprozesse. Merkmal zur Beurteilung der S. ist der Erfüllungsgrad der Anforderungen durch die Primärprozesse.

Six Sigma

Die Idee von S. S. wurde 1979 bei Motorola geboren und ist seit 1987 in diesem Unternehmen der angestrebte Qualitätsstandard. Es beinhaltet ständige Verbesserungen sowie Breakthrough-Verbesserungen. Bestehende Variationen werden reduziert, wodurch die Durchschnittswerte verbessert werden.

Supportprozesse

S. unterstützen die Kernprozesse bzw. Geschäftsprozesse. Merkmal zur Beurteilung der S. bzw. Sekundärprozesse ist der Erfüllungsgrad der Anforderungen durch die Primärprozesse.

Teilprozesse

T. sind kostenstellenbezogene Arbeitsvorgänge, die mehrere von einander abhängige Tätigkeiten zusammenfassen.

Top-down-Ansatz

Beim Top-down-Ansatz richtet sich im Prozessmanagement der Fokus auf die Bestimmung der Strategie des Unternehmens. Ausgangspunkt für die Prozessidentifikation sind die definierten Geschäftsfelder und Kundengruppen mit den Leistungsangeboten und Kundenanforderungen.

Vorgangskettendiagramm

In V. werden Ereignisgesteuerte Prozessketten (EPK) mit Hilfe einer Matrizendarstellung nach Merkmalen systematisiert. Die Spalten weisen die Merkmale aus. Der Kontrollfluss verläuft von oben nach unten.

Wertkette

Die W. als grob strukturiertes Bild der Unternehmung ist nach dem physischen Durchlaufprinzip gegliedert, d.h. nach Stufen, die ein „Produkt" während seines Erstellungs- und Absatzprozesses durchläuft.

Werkettenanalyse

Die W. ist ein Instrument der strategischen Planung mit dem Ziel, Wettbewerbsvorteile zu identifizieren und daran anknüpfend Wettbewerbsstrategien aufzubauen.

Wertschöpfung

Die betriebliche W. ist der von einem Unternehmen erzeugte Wertzuwachs. Unternehmen berichten gelegentlich in ihrem Geschäftsbericht über ihre W. als Teil der gesellschaftsbezogenen Rechnungslegung.

Literaturverzeichnis

Agthe, H. (1959): Stufenweise Fixkostendeckungsrechnung im System des Direct Costing, in: ZfB, S. 404-418.

Backhaus, K./ Funke, S. (1994): Fixkostenintensität und Kostenstrukturmanagement. Ergebnisse einer empirischen Studie, in: Controlling, 3, S. 124-129.

Bea, F.X. (1993): Kosten- und Erlösträgerrechnung, in: HWR, 3. Aufl., Stuttgart, Sp. 1272-1280.

Bea, F.X./Dichtl, E./Schweitzer, M. (1994): Allgemeine Betriebswirtschaftslehre, Bd. 3: Leistungsprozeß, Einleitung, 6. Auflage, Stuttgart.

Bea, F.X./Schnaitmann, H. (1995): Begriff und Struktur betriebswirtschaftlicher Prozesse, in: WiSt, 6, S. 278-282.

Becker, J./Kugeler, M./Rosemann, M. (2003): Prozessmanagement. Ein Leitfaden zur prozessorientierten Organisationsgestaltung, Berlin, Heidelberg.

Beinhauer, M./Schellhaas, K.-U. (1992): Entscheidungsrelevanz in der Prozeßkostenrechnung, in: krp, 6, S. 301-309.

Beinhauer, M./Schellhaas, K.-U. (1994): Gemeinkosten- und Ressourcenmanagement im administrativen Bereich, in: ZP, 5, S. 97-116.

Biel, A. (1990): Anwendung der Prozeßkostenrechnung, in: Controller Magazin, 5, S. 255-258.

Biel, A. (1991): Einführung der Prozeßkostenrechnung, in: krp, 2, S. 85-90.

Bogaschewsky, R./Rollberg. R. (1998): Prozessorientiertes Management, Berlin, Heidelberg.

Buggert, W. (1994): Neuere Verfahren des Kostenmanagements in den Gemeinkostenbereichen, in: controller magazin, 2, S. 90-102.

Busse von Colbe, W. (1994): Lexikon des Rechnungswesens, Handbuch der Bilanzierung und Prüfung der Erlös-, Finanz-, Investitions- und Kostenrechnung, München.

Chmielewicz, K./Schweitzer, M. (Hrsg.) (1993): Handwörterbuch des Rechnungswesen, 3. Auflage, Stuttgart.

Coenenberg, A.G. (2009): Kostenrechnung und Kostenanalyse, 7. Aufl., Landsberg a. Lech.

Coenenberg, A.G./Fischer, T.M. (1991): Prozeßkostenrechnung – Strategische Neuorientierung in der Kostenrechnung, in: DBW, 1, S. 21-38.

Cooper, R. (1989): The Rise of Activity-Based Costing – Part Three: How many cost drivers do you need, and how do you select them?, in: Journal of Cost Management, Vol. 3, S. 34-46.

Cooper, R. (1990): Activity-Based-Costing, in: Kostenrechnungspraxis, 6, S. 345-351.

Cooper, R. (1990a): Activity-Based-Costing, in: Kostenrechnungspraxis, 5, S. 271-279.

Cooper, R. (1990b): Activity-Based-Costing, in: Kostenrechnungspraxis, 4, S. 210-220.

Deyhle, A. (1991): Controllers Aufgabenprofil im Prozessmanagement, in: Witt, F.J. (Hrsg.): Aktivitätscontrolling und Prozesskostenmanagement, Stuttgart, S. 89-105.

Esser, W. (1989): Die Wertkette als Instrument der strategischen Analyse, in: Riekhof, H.-C. (Hrsg.): Strategieentwicklung, Konzepte und Erfahrungen, Stuttgart, S. 191-211.

Ferk, H. (1996): Ganzheitliche Prozeßoptimierung durch das Prozeßmanagement, München.

Fischer, R. (2000): Dienstleistungs-Controlling. Grundlagen und Anwendungen, Wiesbaden.

Franz, K.-P. (1992): Die Prozeßkostenrechnung– Entstehungsgründe, Aufbau und Abgrenzung von anderen Kostenrechnungssystemen, in: WiSt, 12, S. 605-610.

Franz, K.-P. (1992a): Moderne Methoden der Kostenbeeinflussung, in: Männel, W. (Hrsg.): Handbuch Kostenrechnung, Wiesbaden, S. 1492-1505.

Freidank, C.C. (1993): Die Prozeßkostenrechnung als Instrument des strategischen Kostenmanagements, in: Die Unternehmung, 3, S.387-405.

Friedel, B. (1993a): Anforderungen an die Prozeßkostenrechnung bei unterschiedlichen Rechnungszielen, in: krp, Sonderheft 2, S. 37-42.

Fröhling, O. (1992): Thesen zur Prozeßkostenrechnung, in: ZfB, 7, S. 723-741.

Fröhling, O. (1994): Dynamisches Kostenmanagement, München.

Fröhling, O. (1995): Make-or-Buy – Die Kosten richtig rechnen!, in: controller magazin, 1, S. 15-22.

Füermann, T./Dammasch, C. (2002): Prozessmanagement. Anleitung zur Steigerung der Wertschöpfung, München/Wien.

Gaitanides, M./Scholz, R./Vrohlings, A. (1994): Prozeßmanagement – Grundlagen und Zielsetzungen, in: Gaitanides, M./Scholz, R./Vrohlings, A./Raster, M. (Hrsg.): Prozeßmanagement. Konzepte, Umsetzungen und Er-fahrungen des Reengineerings, München, Wien, S. 1-19.

Glaser, H. (1991): Möglichkeiten und Grenzen der Prozeßkostenrechnung als Controlling-Instrument, in: Horvàth, P. (Hrsg.): Synergien durch Schnittstellen-Controlling, München, S. 227-240.

Götzelmann, F. (1993): Prozeßkostenrechnung – Ausweg aus der Krise der Kostenrechnung?, in: WISU, 1, S. 36-38.

Graßhoff, Jürgen (2000): Betriebliches Rechnungswesen und Controlling, Band I: Betriebliches Rechnungswesen, 4., neu bearb. Aufl., Hamburg.

Graßhoff, Jürgen (2001): Betriebliches Rechnungswesen und Controlling, Band II: Rechnungswesen und Controlling, 3. erw. Aufl., Hamburg.

Hanser, P. (1996): Benchmarking. Von den Besten Lernen, in: absatzwirtschaft, 2, S. 32-41.

Haunerdinger, Monika ; Probst, Hans-Jürgen (2005): Kosten senken: Checklisten, Rechner, Methoden, München.

Heinen, E./Dietel, B. (1993): Kostenrechnung, in: HWR, 3. Aufl., Stuttgart, Sp. 1234-1242.

Helfrich, H. (2002): Praktisches Prozessmanagement, München, Wien.

Hinterhuber, H.H. (1994): Paradigmenwechsel: Vom Denken in Funktionen zum Denken in Prozessen, in: JfB, 2, S. 58-75.

Hirschsteiner, G. (2003): Einkaufsabwicklung und Terminmanagement, München/Wien.

Hitschler, W. (1990): Verwaltungskostenplanung mit Zero-Base-Budgeting ZBB, in: krp, 5, S.287-293.

Hoffmann, H.J. (1993): Wertanalyse. Die Antwort auf Kaizen, München.

Horváth, P. (1994): Controlling, 5. Aufl., München.

Horváth, P./Brokemper, A. (1998): Strategieorientiertes Kostenmanagement, Thesen zum Einsatz von Kosteninformationen im strategischen Planungsprozeß, in: ZfB, 68 Jg., S. 581-604.

Horváth, P./Herter, R.N. (1992): Benchmarking – Vergleich mit den Besten der Besten, in: Controlling, 1, S. 4-11.

Horváth, P./Kieniger, M./Mayer, R./Schimank, C. (1993): Prozeßkostenrechnung – oder wie die Praxis die Theorie überholt. Kritik und Gegenkritik, in: DBW, 5, S. 609-628.

Horváth, P./Mayer, R. (1993): Prozeßkostenrechnung – Konzeption und Entwicklungen, in: krp, Sonderheft 2, S. 15-28.

Jehle, E. (1992): Gemeinkostenmanagement, in: Männel, W. (Hrsg.): Handbuch Kostenrechnung, Wiesbaden, S. 1506-1523.

Kilger, W. (1993): Flexible Plankostenrechnung und Deckungsbeitragsrechnung, 10. Aufl., Wiesbaden.

Kloock, J. (1992): Prozeßkostenrechnung als Rückschritt und Fortschritt der Kostenrechnung, in: krp, Teil 1, 4, S.183-193., Teil 2, 5, S. 237-245.

Kloock, J./Sieben, G./Schildbach, Th. (1993): Kosten- und Leistungsrechnung, 7. Aufl., Düsseldorf.

Köberle, G. (1994): Die Bedeutung der Prozeßkostenrechnung im Entscheidungsablauf des Unternehmens, München.

Kremin-Buch, B. (1998): Strategisches Kostenmanagement: Grundlagen und moderne Instrumente, Wiesbaden.

Krickl, O.C. (1994): Business Redesign. Prozeßorientierte Organisationsgestaltung und Informationstechnologie, in: Krickl, O.C. (Hrsg.): Geschäftsprozeßmanagement, Heidelberg, S. 17-38.

Krickl, O.C. (Hrsg.) (1994): Geschäftsprozeßmanagement, Heidelberg.

Kroslid, D./Faber, K./Magnusson, K./Bergman, B. (2003): Six Sigma: Er-folg durch Breakthrough-Verbesserungen, München, Wien.

Kück, Ursula (2003): Schnelleinstieg Controlling, München.

Küting, K./Lorson, P. (1993): Überblick über die Prozeßkostenrechnung – Stand, Entwicklungen und Grenzen, in: krp, Sonderheft 2, S. 29-35.

Leibfried, K.H..J./McNair, C.J. (1993): Benchmarking: Von der Konkurrenz lernen, die Konkurrenz überholen, Freiburg.

Löffler, J. (1991): Prozeßkostenrechnung im Beschaffungs- und Logistikbereich bei der Hewlett-Packard – Ziele, Umsetzung und Erfahrungen, in: IFUA Horváth & Partner (Hrsg.): Prozeßkostenmanagement, München, S. 183-201.

Lohmann, U. (1991): Prozeßkostenrechnung bei der Gardena Kress + Kastner GmbH, in: IFUA Horváth & Partner (Hrsg.): Prozeßkostenmanagement, München, S. 249-269.

Lohmann, U. (1991a): Prozeßkostenrechnung – Ein Erfahrungsbericht, in: Controller Magazin, 5, S. 265-275.

Lorson, P. (1992): Prozeßkostenrechnung versus Grenzplankostenrechnung, in: krp, 1, S. 7-15.

Lorson, P. (1993): Straffes Kostenmanagement und neue Technologien, Herne, Berlin.

Männel, W. (1992): Stand und Weiterentwicklung der Kostenrechnung, in: krp, 1, S. 38-49.

Männel, W. (1992): Grenzplankosten- , Deckungsbeitrags- und Prozeßkostenrechnung als alternative Konzepte?, in: krp, 6, S. 293.

Männel, W. (1993): Erlösrechnung, in: Chmielewicz, K./Schweitzer, M. (Hrsg.): Handwörterbuch des Rechnungswesen, 3. Aufl., Stuttgart, S. 562-580.

Mayer, R. (1991): Die Prozesskostenrechnung als Instrument des Schnittstellenmanagements, in: Horváth, P. (Hrsg.): Synergien durch Schnittstellen-Controlling, München, S. 211-226.

Mayer, R. (1991): Prozeßkostenrechnung und Prozeßkostenmanagement: Methodik, Vorgehensweise und Einsatzmöglichkeiten, in: IFUA Horváth & Part-ner (Hrsg.): Prozeßkostenmanagement, München, S. 73-99.

Mayer, R. (1993): Gemeinkostenmanagement, in: Horváth, P./Reichmann, T. (Hrsg.): Vahlens großes Controllinglexikon, München, S. 264-265.

Mayer, R./Glaser, H. (1991): Die Prozeßkostenrechnung als Controllinginstrument. Pro und Contra, in: Controlling, 6, S. 296-303.

Meffert, H. (1994): Marktorientierte Führung von Dienstleistungsunternehmen – neuere Entwicklungen in Theorie und Praxis, in: Die Betriebswirtschaft 4/1994, S. 519-541.

Metken, M. (1993): Prozeßorientierte Organisationsoptimierung, in: Office Management, 3, S. 6-12.

Meyer-Piening, A. (1990): Zero Base Planing: Zukunftssicherndes Instrument der Gemeinkostenplanung, Köln.

Müller, A. (1992): Gemeinkostenmanagement, Vorteile der Prozeßkostenrechnung, Wiesbaden.

Müller, H. (1993): Der Streit um das „richtige" System der Kostenrechnung, Teil 1: Für die Lehre ist es kaum ein neuer „Methodenstreit", in: Blick durch die Wirtschaft, 53, S. 1; Teil 2: Prozeßkostenrechnung – eine neue Methode oder ein alter Hut?, in: Blick durch die Wirtschaft, 55, S. 1; Teil 3: Die Methode, von der viele reden, nach der aber niemand handelt, in: Blick durch die Wirtschaft, 58, S. 1.

Nagl, Anna ; Rath, Verena (2004): Dienstleistungscontrolling, München.

Neubauer, C. (1993): Strategisch orientierte Kostenrechnung. Programmatik, Problemfelder und Lösungsansätze, München.

Nippa, A./Picot, A. (1996): Prozessmanagement und Reengineering: Die Praxis im deutschsprachigen Raum, Frankfurt a.M./New York.

Odening, M. (1994): Komplexitätsreduktion in Entscheidungsmodellen, Frankfurt a.M.

Oecking, G.F. (1994): Strategisches und operatives Fixkostenmanagement, München.

Oertel, H.A./Abraham, H.-W. (1994): Prozeßgestaltung durch Einkauf und Logistik, in: Koppelmann, U./Lumbe, H-J. (Hrsg.): Prozessorientierte Beschaffung, Stuttgart, S. 171-191.

Osterloh, M./Frost, J. (2000): Prozessmanagement als Kernkompetenz. Wie Sie Business Reengineering strategisch nutzen können, Wiesbaden.

Pabst, O. (1994): Die Wertkettenanalyse als Orientierungsrahmen für partnerschaftliche Zusammenarbeit im Distributionsmanagement, in: Betz, C./Schögel, M./Kramer, M. (Hrsg.): THEXIS, Lean Management und Lean Marketing, St. Gallen, S. 162-180.

Perlitz, M./Offinger, A./Reinhard, M./Schug, K. (1996): Reengineering zwischen Anspruch und Wirklichkeit: Ein Managementansatz auf dem Prüfstand, Wiesbaden.

Pfohl, H.C./Stölzle, W. (1991): Anwendungsbedingungen, Verfahren und Beurteilung der Prozeßkostenrechnung in industriellen Unternehmen, in: ZfB, 11, S. 1281-1305.

Pitschek, G.A. (1994): EDV-gestütztes Geschäftsprozeßmanagement: Anforderungen und Trends, in: Krickl, O.C. (Hrsg.): Geschäftsprozeßmanagement, S. 123-138.

Posluschny, Peter (2004): Controlling für das Handwerk, München/Wien.

Posluschny, P./Posluschny, M (2006): Das Controlling-1x1, Heidelberg.

Posluschny, P./Posluschny, M (2006): Trainingsbuch Controlling, Freiburg, München, Berlin, Würzburg.

Posluschny, P./Treuner, F. (2009): Prozesskostenmanagement. Instrumente und Anwendungen, München, Wien.

Posluschny, P. (1998): Kostenrechnung für die Gastronomie, München, Wien.

Posluschny, Peter (2007): Prozessorientiertes Kostenmanagement in Krankenhausbetrieben, Mannheim.

Posluschny, Peter (2007): Die wichtigsten Kennzahlen, Heidelberg/Mannheim.

Posluschny, Peter (2008): Kostenrechnen leicht gemacht: Eine praktische Anleitung – von der Deckungsbeitrags- bis zur Prozesskostenrechnung, Heidelberg/Mannheim.

Reckenfelderbäumer, M. (1995): Marketing-Accounting im Dienstleistungsbereich. Konzeption eines prozeßkostengestützten Instrumentariums, Wiesbaden.

Reichling, P./Köberle, G. (1992): Zwischen Markt und Hierarchie: Prozeßkostenmanagement, in: Controller Magazin, 1, S. 22-26.

Reichmann, Thomas, Fröhling, Oliver (1993): Integration von Prozesskostenrechnung und Fixkostenmanagement, in: krp – Kostenrechnungspraxis, Sonderheft 2, S. 63 - 73

Reiß, M. (1993): Komplexitätsmanagement I, in: WISU, 1,, S. 54-59.

Reiß, M. (1993): In Prozessen denken; Schlankes Management ist prozeßbasiertes Management, in: Gablers Magazin, 6-7, S. 49-54.

Riebel, P. (1992): Einzelerlös-, Einzelkosten- und Deckungsbeitragsrechnung als Kern einer ganzheitlichen Führungsrechnung, in: Männel, W. (Hrsg.): Handbuch Kostenrechnung, Wiesbaden, S. 247-299.

Riebel, P. (1993): Deckungsbeitragsrechnung, in: Chmielewicz, K./Schweitzer, M. (Hrsg.): Handwörterbuch des Rechnungswesen, 3. Aufl., Stuttgart, S. 364-379.

Riebel, P. (1994): Einzelerlös-, Einzelkosten- und Deckungsbeitragsrechnung als Kern einer ganzheitlichen Führungsrechnung, in: krp, 1, S. 9-31.

Riebel, P. (1994): Einzelkosten- und Deckungsbeitragsrechnung, 7. Aufl., Wiesbaden.

Roolfs, G. (1996): Gemeinkostenmanagement unter Berücksichtigung neuerer Entwicklungen in der Kostenlehre, Bergisch Gladbach, Köln.

Sakurai, M. (1997): Integratives Kostenmanagement. Stand und Entwicklungstendenzen des Controlling in Japan, München.

Scheer, A.-W. (1995): Wirtschaftsinformatik. Referenzmodelle für industrielle Geschäftsprozesse, 6. Aufl., Berlin.

Scheer, A.-W./Berkau, C. (1993): Verteilte Systemunterstützung für die Prozeßkostenrechnung, in: krp, Sonderheft 2, S. 75-85.

Scheer, A.-W./Berkau, C.Liebermann, H. (1993): Praktische Erfahrungen beim Einsatz eines wissensbasierten Prozeßmanagementsystems – Anwendun-gen der verteilten Prozeßkostenrechnung in einem Handelsunternehmen, in: Management und Computer, 3, S. 215-222.

Schimank, C. (1991): Prozeßkostenmanagement für den Bereich Forschung und Entwicklung, in: IFUA Horváth & Partner (Hrsg.): Prozeßkostenmanagement, München 1991.

Schmelzer, H.J./Sesselmann, W. (2003): Geschäftsprozessmanagement in der Praxis, München, Wien.

Scholz, R./Vrohlings, A. (1994): Prozeß-Leistungs-Transparenz, in: Gaitanides, M./Scholz, R./Vrohlings, A./Raster, M. (Hrsg.): Prozeßmanagement. Konzepte, Umsetzungen und Erfahrungen des Reengineerings, München, Wien, S. 57-98.

Schorlemer, G./Posluschny, P. (2000): Operatives Controlling, Berlin.

Schorlemer, G./Posluschny, P./Prange, C. (1998): Kostenmanagement in der Praxis, Wiesbaden.

Schweitzer, M./Küpper, H.-U. (1995): Systeme der Kosten- und Erlösrechnung, 6. Aufl., München.

Seicht, G. (1997): Moderne Kosten- und Leistungsrechnung, 9. Aufl., Wien.

Sommerlatte, T./Wedekind, E. (1990): Leistungsprozesse und Organisationsstruktur, in: Little, A.D. (Hrsg.): Management der Hochleistungsorganisation, Wiesbaden, S. 24-41.

Steunbuch, P.A. (1998): Prozessorganisation, Business Reengineering, Beispiel R/3, Ludwigshafen.

Streitferdt, L. (1993): Kostenmanagement, in: Chmielewicz, K./Schweitzer, M. (Hrsg.): Handwörterbuch des Rechnungswesen, 3. Aufl., Stuttgart, S. 1216-1227.

Tomys, A.-K. (1995): Kostenorientiertes Qualitätsmanagement: Qualitätscontrolling zur ständigen Verbesserung der Unternehmensprozesse, München.

Treuner, Felix (2007): Untersuchung von Verfahren zur Technologiebewertung in der Luftfahrt und Entwicklung eines Werkzeuges zur Bewertung von Maßnahmen für die Kapazitätssteigerung im Luftverkehr.

Vikas, K. (1991): Neue Konzepte für das Kostenmanagement. Controllingorientierte Modelle für Industrie- und Dienstleistungsunternehmen, Wiesbaden.

Weber, J./Hamprecht, M./Goeldel, H. (1995): Benchmarking des Controlling: Ein Ansatz zur Effizienzsteigerung betrieblicher Controllingbereiche, in: Controlling, 1, S. 15-19.

Wöhrer, Karl (2010): Umsetzung von TPM in einem Maschinenbau-Unternehmen. Grundlagen, Umsetzung im Maschinenbauunternehmen, Resümee, VDM Verlag Dr. Müller, Saarbrücken.

Abbildungsverzeichnis

Tabellenverzeichnis

Index